南京水利科学研究院出版基金资助

盐水入侵的分析与研究

韩乃斌　姬昌辉　周良平　房灵常　著

黄河水利出版社
·郑　州·

图书在版编目(CIP)数据

盐水入侵的分析与研究/韩乃斌等著. —郑州：
黄河水利出版社,2022.11
ISBN 978-7-5509-3390-3

Ⅰ.①盐… Ⅱ.①韩… Ⅲ.①盐水入侵-研究
Ⅳ.①P641.4

中国版本图书馆 CIP 数据核字(2022)第 177339 号

出 版 社:黄河水利出版社 网址:www.yrcp.com
　　　　地址:河南省郑州市顺河路黄委会综合楼 14 层 邮政编码:450003
发行单位:黄河水利出版社
　　　　发行部电话:0371-66026940、66020550、66028024、66022620(传真)
　　　　E-mail:hhslcbs@126.com
承印单位:河南新华印刷集团有限公司
开本:787 mm×1 092 mm　1/16
印张:10.5
字数:251 千字 印数:1—1 000
版次:2022 年 11 月第 1 版 印次:2022 年 11 月第 1 次印刷

定价:68.00 元

前　言

　　河口盐水入侵问题的研究是笔者重要的研究方向之一,特别指出"长江口分汊水道的盐水入侵特性"一文没有召开过专门的评审会议,直接由南京水利科学研究院上报水利部科技司,并获得1993年"水利部科技进步三等奖"。《长江口南支水质规律与宝钢长江引水工程》,发表于上海科学技术协会主编,上海科学技术出版社1985年出版的《宝钢引水工程论文集》中,该项工作由上海科学技术协会发文享受"国家科技进步二等奖"待遇。由于这个待遇,本人由中等专业学校(南京交通专科学校)毕业,直接晋升至教授级高级工程师。

　　为发表《长江口分汊水道盐水入侵特性》这篇文章,在长江口干流徐六泾、长江口北支青龙港、三条港、长江口崇明岛的崇头、南门、堡镇、长江口南支河段的扬林、改入河口、石洞口、吴淞口、高桥、七丫口以及长江口中浚布设13个水文站,配置13台自动采样器,每天24小时逐日自动采样,每天每站更换24个采样瓶,并由当地水文站直接用硝酸银滴定,测量含氯度,这样坚持了一年365天,得到长江口地区大量的可靠含氯度资料。由此得出结论,长江口南支河段盐水是长江口北支倒灌盐水,经由南北支交汇口在崇头附近进入南支,即南支河段的盐水是由上游向下游运移的、以不可思议的方式传播的。由于长江淡水流量相对比较大,外海的盐水从来没有直接入侵过南支河段。大量实测资料证明了南支河段盐水入侵源来自上游,而且能预测某个盐水入侵源向下游运移过程,由此平息了盐水入侵来源的争论。

　　由于长江上游径流量大,即使在枯季,一般大通站最小枯水流量也有7 000~8 000 m³/s,在长江口南支河段也不可能发生盐水直接入侵的现象。长江口北支倒灌盐水的数量与两个因素有关,上游流量大,分入北支的长江径流量也相应增大,北支倒灌流量相应减少,反之则增大。另外,影响更大的因素是青龙港潮差,潮差越大,倒灌量越大。

　　吴淞口氯离子浓度与长江上游流量之间有良好的相关关系。根据吴淞口1973—1981年的氯离子浓度和大通站流量资料,点绘其相关曲线得到如下公式:

$$D_1 = 0.32\exp\left(0.281\frac{\overline{Q_m}}{Q_m}D_2\right)$$

式中:D_1 为每年氯离子连续超过200 PPM的天数;$\overline{Q_m}$ 为多年平均最小流量,等于7 900 m³/s;Q_m 为当年最小流量;D_2 为每年大通站流量小于14 000 m³/s的天数。

　　宝山钢铁公司生产上提出的问题为流量保证率95%~97%时,水库需考虑的蓄水天数,为此利用1950年以来大通站31年实测资料,用皮尔逊-Ⅲ型曲线计算频率。当频率为95%时,$(\overline{Q_m}/Q_m)D = 167.1$,当频率为97%时,$(\overline{Q_m}/Q_m)D = 176.8$。用频率计算结果代入相关公式中,得到频率为95%时,连续不能取水天数为35天,当频率为97%时,连续不能取水天数为46天。最终,宝山钢铁公司选择的水库位置是宝山区的罗泾,其连续不能取水的天数肯定比吴淞口少。在流量保证率为97%时,宝钢长江水库考虑蓄水40天的用水量,还是很安全的。

在当时的条件下,只有8年实测资料,作为相关分析年份,确实少了一些。对8年资料分析表明,其中1979年为百年一遇枯水年,连续不能取水时间特别长。20世纪70年代,特别是1974年为北支倒灌特别严重的年份。由于8年资料包括了特别枯水年和北支倒灌特别严重的年份两种典型状况,其代表性是很强的。考虑北支在中枯水期间,实际没有上游流量进入北支,北支上口附近河床断面积有减小的趋势,北支倒灌流量趋向减少,计算结果偏于安全。近年来实测资料也表明,北支倒灌盐水的程度确实在减小。

本书由韩乃斌、姬昌辉、周良平、房灵常撰写。

由于笔者能力及时间所限,不足之处在所难免,还请读者批评指正。

韩乃斌

2022 年 10 月

目　录

第 1 章　没冒沙生态水库水域盐度变化规律[❶]

　　本项工作是在甲方提供的洪枯季水文测验、浦东机场码头历时 17 个月定点含盐度和 50 多年长江大通站流量资料基础上进行的。分析表明,长江口受科氏力影响,含盐度北高南低,外海盐水容易从深槽入侵。没冒沙水域位于南槽南侧,水深比较浅,因此该水域受盐水入侵影响相对比较小,使其成为含盐度的低谷区。没冒沙水域在长江口南槽盐水入侵上游端附近,对潮汐、径流、风、浪和科氏力的影响比较敏感,含盐度变化十分复杂。风速、风向对该水域影响十分明显,东南风壅高水位,起到增加盐水入侵的作用,西南风在断面上形成环流,使北侧高盐海水流向南侧,上述两种风向起到增强没冒沙水域盐水入侵的作用。西北风使口门水位降低,起到减水作用,使上游下泄流量增加,该地区盐水入侵影响减弱。冬春枯水季节,受寒潮的影响,经常刮强劲的西北风,增加了枯季容蓄淡水的机会。

　　没冒沙水域靠近外海,以外海盐水直接入侵为主,除春分及秋分特大潮风外,北支倒灌的影响比较小。

　　分析表明,浦东机场码头月平均含盐度与大通站月平均流量有较好的相关关系,根据这一关系以及大通站流量连续小于 8 500 m³/s 和 9 500 m³/s 的天数,推荐了没冒沙水库容量。考虑 1979 年型特枯年,没冒沙水库不能抽取淡水的天数为 78~84 d。在没冒沙水域 95% 的供水保证率条件下,连续不可取水的天数为 65~67 d。从偏于安全角度出发,建议在 98.3% 的供水保证率下,水库库容按 84 d 连续不能取水天数需要的库容加上其前后数月入库水量小于出库水量之和所需的库容来计算。

第 1 节　概　述

　　由于历史的原因,上海市城市用水的水源主要布设在黄浦江两岸。黄浦江两侧排水口众多,江水水质差,甚至出现过水质劣于 V 类的状况。黄浦江上游淞浦大桥处日取水 500 万 m³,约占一般年份水量的 18%。此外,中上游闵行河段日取水 67 万 m³,两者相加已达到黄浦江供水的极限能力。据上海供水系统规划,预测至 2020 年,原水日供水增量为 560 万 m³,原水增量必须依靠长江口优质水源。长江口南支和南港河段枯水季节容易受到北支倒灌盐水的影响,1999 年,枯季陈行水库曾经有过连续 25 d 含氯度超标的纪录。如果遭遇 1979 年,特枯季节的影响,含氯度连续超标天数还将显著增加。上海市利用长江口优质水源,建水库以避咸蓄淡。长江口的南支和南港河段岸线十分紧张,增建避咸蓄

　　[❶]　本章由韩乃斌、姬昌辉、王驰编写。

淡水库难度较大。没冒沙 -2 m 线长 25 km，宽 0.5~1.5 km，上窄下宽；-1 m 线长 19 km，沙脊高程为 0 m 左右（见图 1-1）。没冒沙脊与南岸合围以后，有 50 km² 的水面可以利用，蓄水至 3.5 m 高程，可获 2 亿 m³ 水库库容。没冒沙水库建成以后对南汇地区的生态环境也会产生良好的效益。

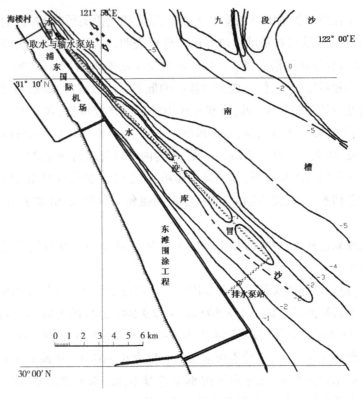

图 1-1　没冒沙生态水库示意

没冒沙水库的库容相当于 20 个陈行水库，如果将没冒沙水库作为水源地，除去 1/10 的死库容，每天取水 200 万 m³，在不补充江水的情况下，可以连续使用 90 d。该水库作为水源地是十分理想的，建成后，必将成为上海新的第三水源地，对上海市水资源合理配置有深远的意义。没冒沙水库位于长江口南北槽交汇口下游，长江口盐水入侵对该水库附近水质的影响十分明显。生态水库抽取淡水的概率是该水库能否成为水源地的关键。为此，上海实业集团委托南京水利科学研究院进行没冒沙生态水库水域盐度变化规律分析，研究不同水文年、不同季节、不同时段出现淡水的概率。

本项工作主要根据甲方组织的洪枯季水文测验（见图 1-2），华东师范大学在浦东机场码头历时 17 个月定点含盐度测量资料，以及 50 多年长江大通站流量资料进行整理分析，提出没冒沙生态水库水域盐度变化规律分析报告，供有关部门决策时参考。

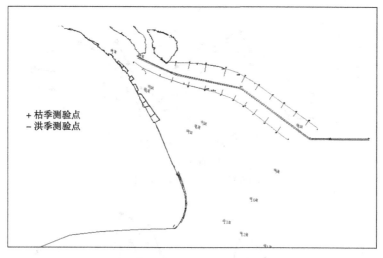

图 1-2　没冒沙水文测验垂线布置示意

第 2 节　长江口没冒沙水域盐水入侵状况分析

2.1　没冒沙水库水域的盐水入侵特性

2.1.1　含盐度北高南低

没冒沙在长江口南槽南侧,位于南北槽分流口的下游,紧临南汇高滩。没冒沙与南汇高滩之间形成一条浅槽,其水下高程一般为-2~-3 m,相对南槽的主槽来说,属于浅水区。该处水域十分宽阔,径流、潮汐、科氏力、风和浪等动力因素比较强,与水域相对比较窄的南北港和南支等河段相比,动力要素对盐水入侵的影响要复杂得多。

众所周知,由于科氏力的作用,长江口涨潮流偏北,落潮流偏南。长江口北支、天生港水道、崇明岛南侧的新桥水道和长兴岛南侧的瑞丰沙水道,都是位于同一河段的北侧水道。这些水道都是以涨潮流为主的,而位于南侧的河槽,一般均以落潮流为主。没冒沙水域北侧的涨潮流强于南侧(见表 1-1),造成北侧含盐度高于南侧。

表 1-1　没冒沙水库水文测验南槽断面最大涨潮流速统计　　　　单位:m/s

洪季				枯季			
垂线号	大潮	中潮	小潮	垂线号	大潮	中潮	小潮
7 号(南)	1.22	0.94	0.45	2 号(南)	0.77	1.05	0.72
6 号(中)	1.66	1.10	0.49	3 号(中)	1.37	1.45	0.89
5 号(北)	2.09	1.33	0.71	4 号(北)	1.44	1.37	0.77

图 1-3 为长江口南槽含盐度的横向变化,洪季位于北侧的 5 号垂线,枯季位于北侧的 4 号垂线,含盐度明显高于南侧,含盐度在断面上的变化呈自北向南逐渐减小的趋势。

2.1.2　含盐度分层明显

图 1-4 和图 1-5 分别为洪季及枯季大小潮含盐度垂线分布。如果以表面(相对水深

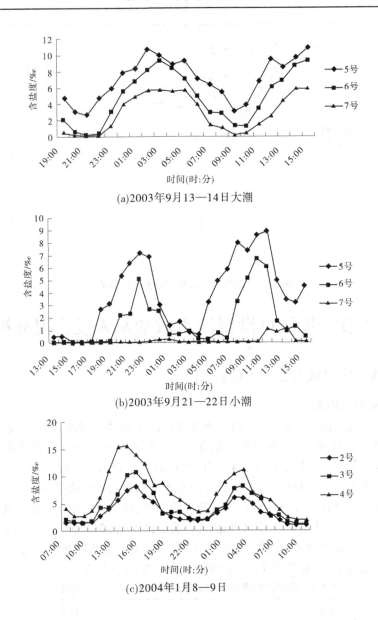

(a)2003年9月13—14日大潮

(b)2003年9月21—22日小潮

(c)2004年1月8—9日

图1-3　长江口南槽含盐度的横向变化

为零)和底部(1.0)的含盐度之差代表分层程度,没冒沙水域含盐度分层有如下特点:

(1)小潮期间紊动强度弱,分层程度明显强于大潮,洪季小潮5号和6号垂线,表、底层的盐度差达15‰以上,而大潮期间,表、底层的盐度差不足5‰。

(2)洪季的盐度分层强于枯季。

(3)洪季南侧的7号垂线和枯季南侧的2号垂线,比北侧的两条垂线水深浅,北侧强于南侧。没冒沙位于南侧的分层程度浅水区,含盐度分层程度更弱。

2.1.3　大潮期盐水入侵强于小潮期

实测资料表明,在其他条件相近的情况下,没冒沙水域大潮时盐水入侵强于小潮。

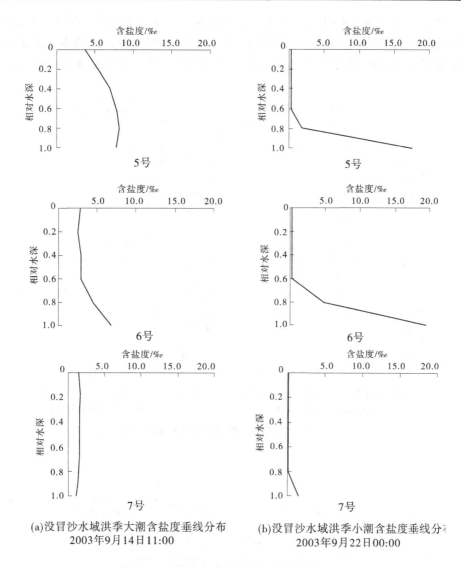

(a)没冒沙水域洪季大潮含盐度垂线分布　　　(b)没冒沙水域洪季小潮含盐度垂线分布
2003年9月14日11:00　　　　　　　　　　2003年9月22日00:00

图 1-4　没冒沙水域洪季含盐度垂线分布

图 1-3 表明,洪季和枯季大潮的含盐度明显高于小潮的含盐度。没冒沙水域枯季大小潮期间含盐度的对比,更清楚地表明大潮期间的盐水入侵状况强于小潮。大潮期间涨潮流速显著大于小潮,大潮涨潮流程远大于小潮是大潮期盐水入侵强于小潮的原因。

2.1.4　没冒沙水域处于盐水入侵上游端

图 1-6 和图 1-7 为长江口南槽洪枯季大小潮含盐度沿程变化,由图表明,机场码头即拟建的没冒沙水库取水口附近处于南槽盐水入侵上游端。2003 年 9 月,洪季水文测验,大潮涨憩时,机场码头仍受到明显的盐水入侵影响,含盐度可达 3‰左右。枯季小潮落憩时,机场码头含盐度不足 0.5‰,实际上为淡水所控制。实测资料也表明,枯季长江大通站流量小于 10 000 m³/s 时,机场码头站整天都可以被淡水所控制,大通站相应流量小于 8 500 m³/s 时,机场码头站仍有淡水,而大通站流量大于 50 000 m³/s,本站也会受到盐水

入侵的影响。由于机场码头处于盐水入侵上游端,动力要素对它的影响比较大,造成本站盐水入侵状况复杂多变,洪季会出现盐水入侵,枯季也会有淡水。复杂多变的盐水入侵状况,增加了枯季取水的概率。图1-8为2004年1月没冒沙水域含盐度大小潮变化。

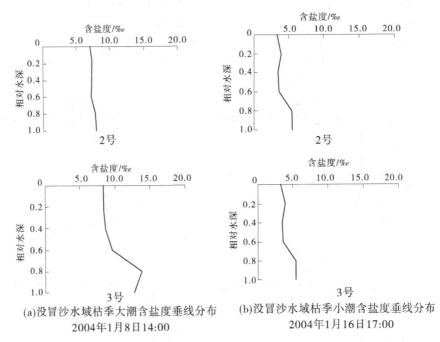

(a)没冒沙水域枯季大潮含盐度垂线分布
2004年1月8日14:00

(b)没冒沙水域枯季小潮含盐度垂线分布
2004年1月16日17:00

图1-5 没冒沙水域枯季含盐度垂线分布

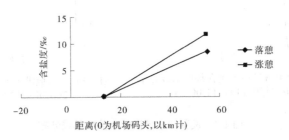

图1-6 长江口南槽洪季小潮含盐度沿程变化(2003年9月)

2.2 影响没冒沙水域盐水入侵状况的因素

河口水体中的盐分随水流而运动,河口盐水入侵状况与河口流场变化密切相关。没冒沙水域地理位置特殊,影响流场的动力因素十分复杂。该水域的盐水入侵特性分析,明确了科氏力和潮汐对盐水入侵的影响。风、浪,特别是涌浪、海流,如台湾暖流、苏北沿岸流,长江上游来的径流量等诸多因素,对没冒沙水域的流场和盐水入侵均有相当大的影响。由于缺乏风浪、涌浪和海流等方面资料,本书仅分析风、上游径流和北支倒灌对没冒沙水域盐水入侵的影响。

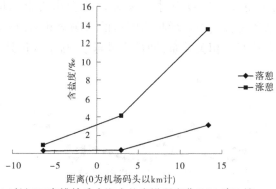

(a)长江口南槽枯季小潮含盐度沿程变化(2004年1月)

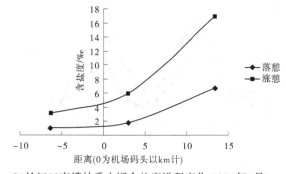

(b)长江口南槽枯季大潮含盐度沿程变化(2004年1月)

图1-7　长江口南槽枯季含盐度沿程变化

2.2.1　风对没冒沙水域盐水入侵的影响

　　长江口南槽总体呈东南走向,东南风使口门水位壅高,造成口门增水,使落潮水流不畅,涨潮水流相对加强。上游来的径流排泄不畅,起到减少上游径流的作用,该地区的盐水入侵将相应加强。西南风与南槽方向正交,该风向虽然不起直接的增水作用,但在断面上使南侧水位降低,北侧水位增高,造成表面水流指向北侧、底部水流指向南侧的环流。

　　由于南槽北侧盐度高,在这种环流的作用下,北侧含盐度相对比较高的水体将从底部流向南侧,南侧含盐度相对比较低的水体从表面流向北侧,其结果将增加本地区南侧的盐水入侵程度。西北风对本水域的作用与东南风正好相反,它使口门水位降低,起到减水作用,使落潮水流加强、涨潮水流减弱。在西北风的作用下,上游径流相对加强,起到减弱本地区盐水入侵的作用。此外,强劲的东北风使南槽水位增高,有增水作用,起到增强盐水入侵的作用,但东北风与南槽断面正交,由此引起的断面上的环流,将减弱盐水入侵。总体来看,东北风对盐水入侵的影响,比东南风和西南风的影响要小得多。

2.2.2　上游径流对盐水入侵的影响

　　长江上游来的径流在本水域起到增强落潮水流、抵御盐水入侵的作用,上游径流量增加,盐水入侵减弱的趋势是肯定的。当然,在强劲的口门外增水影响的作用下,上游径流的作用相对减弱,在减水的作用下,又会加强径流的作用。因此,会出现上游流量大时,也会有盐水入侵的影响,上游流量比较小时,在本水域也会出现全天均为淡水所控制的情况。如果以较长时段来考虑,风、浪等增减水因素的影响会相对减小。在这种情况下,上游径流量与盐水入侵有较好的相关关系,即径流量越小,盐水入侵越严重。

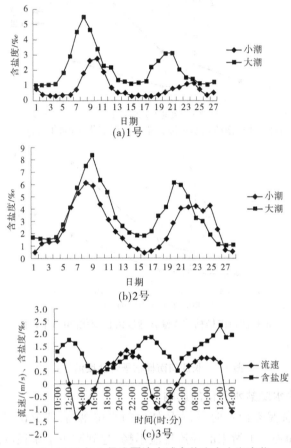

(a)1号

(b)2号

(c)3号

图1-8　2004年1月没冒沙水域含盐度大小潮变化

2.2.3　北支倒灌对盐水入侵的影响

长江口北支上口不断萎缩,且逐渐与南支主流垂直相交,河床阻力增大,潮波变形加剧,大潮时出现明显的涌潮现象,涌潮潮头可达1 m以上。大潮涨潮期间,青龙港潮位可比南北支交汇口的崇头站高出1 m以上,出现严重的北支向南支倒灌的状况。在北支向南支倒灌期间,青龙港含盐度常高达20‰以上。因此,北支有大量的高盐海水倒灌到南支河段,北支倒灌是南支河段最主要的盐水入侵来源。外海盐水入侵,涨潮憩流时;含盐度最大,落潮憩流时,含盐度最小。北支倒灌盐水过境时,落潮憩流时,含盐度最大;涨潮憩流时,含盐度最小(见图1-9),北支倒灌盐水经过没冒沙水域时应该在小潮期间。盐水是守恒的物质,由北支倒灌进入南支的盐水,除了和南支淡水掺混、含盐度降低,倒灌盐水是不会自行消失的。由于没冒沙水域处于外海盐水入侵为主的地区,大部分北支倒灌盐水在进入本地区时,已经和外海入侵的盐水相掺混,北支倒灌的影响比较小。用盐水入侵出现在小潮期间,且最大含盐度出现在落憩附近两条标准来判断,机场码头站2003年3

月和 2004 年 4 月曾经有过数次北支倒灌盐水的影响,但它们的含盐度和经历的时间均小于外海盐水入侵。没冒沙水域的主要盐水入侵源是外海盐水入侵。

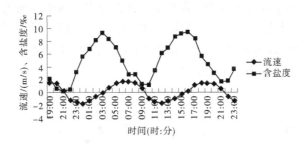

图 1-9 　外海盐水入侵及北支倒灌含盐度与流速的关系

2.3 　没冒沙水域盐水入侵的相关分析

2.3.1 　浦东机场码头月平均含盐度与大通站月平均流量的关系

月平均含盐度与潮差、风、浪等因素的关系相对比较小,本处仅考虑与大通站月平均流量作相关分析。大通站位于河口上游 650 km 处,大通站流量传到河口区一般需要 5~7 d,如果考虑潮汐的影响,南支和南北港水域对上游径流有一定的容蓄作用,大通站流量对没冒沙水域的影响还要推迟。计算大通站月平均流量时,扣除当月最后 10 d 的流量,加上前一个月最后 10 d 的流量,然后求其平均值。以下所提及的大通站月平均流量,均为修正后的月平均流量。

浦东国际机场码头月平均含盐度与大通站月平均流量的关系见图 1-10。图 1-10 显示,大通站月平均流量大于 20 000 m³/s 时,机场码头月平均含盐度变化相对比较小;月平均流量小于 10 000 m³/s 时,机场码头月平均含盐度增加较快。月平均含盐度与月平均流量之间呈指数关系。月平均含盐度 $\bar{S}_{月}(‰)$ 最大值包络线公式为:

$$\bar{S}_{月} = 7.0\exp(-4.927\,6\times10^{-5}\bar{Q}_{月大通}) \tag{1-1}$$

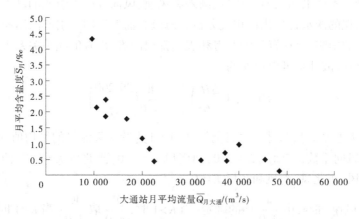

图 1-10 　浦东国际机场码头月平均含盐度与大通站月平均流量的关系

图 1-10 表明,大通站月平均流量大于 20 000 m³/s,机场码头站月平均含盐度均小于

1‰,这对没冒沙的生态水库取淡水十分有利。

2.3.2　浦东机场码头每月出现淡水百分比与大通站流量的关系

本处将含盐度小于或等于0.5‰的水体定义为淡水。浦东机场码头每月5~7 d测量一次含盐度,每天逐时测量14次,全月实测70~98次含盐度。月出现淡水的次数除以全月测量次数的百分比,即为每月出现淡水的百分比。图1-11为浦东机场码头每月出现淡水的百分比与大通站月平均流量的关系。

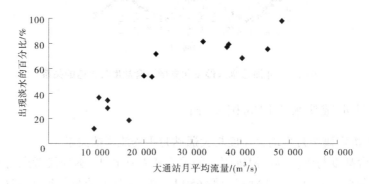

图1-11　浦东机场码头每月出现淡水的百分比与大通站流量的关系

最大值公式为:

$$R_{0.5月最大} = 0.118\,47\,\overline{Q}_{月大通}^{0.622\,36} \tag{1-2}$$

最小值公式为:

$$R_{0.5月最小} = 2.2 \times 10^{-7}\,\overline{Q}_{月大通}^{1.403\,2} \tag{1-3}$$

其中,大通站月平均流量小于8 000 m³/s时,$R_{0.5月最小}$为0。

2.3.3　浦东机场码头每天出现淡水的百分比与动力要素的关系

如上所述,影响没冒沙水域盐水入侵的因素相当复杂,上游径流和潮差的大小、风速和风向变化引起的增减水、外海大洋海流及涌浪等因素引起的增减水,都会影响本地区的盐水入侵状况。本处采用大通站流量、潮差和风速、风向等因素组成的动力要素和浦东机场码头每天出现的淡水百分比作相关分析。海流和涌浪等因素引起的增减水对长江口盐水入侵有较大的影响,上述资料的取得和表达都很困难,现有的相关关系不包括完整的相关因素,关系点群散乱是可以预期的。

$$DL = K\left(\frac{\Delta H}{2.65}\right)^{0.5} \cdot \frac{W}{4.0}\left(\frac{29\,200}{\overline{Q}}\right) \tag{1-4}$$

式中　$\overline{Q}$——大通站流量为计算之日前第8~10 d连续3天流量的平均值,m³/s;

　　　K——风向系数,东南风$K=2.0$,西南风$K=2.0$,西北风$K=0.7$,西风$K=0.9$,北风、东北风、南风和东风$K=1$;

　　　W——风速,m/s,由$\frac{W}{4.0}$项的确定,当$K>1$时,$\frac{W}{4.0}$取$\frac{W}{4.0}$;当$K<1$时,$\frac{W}{4.0}$取$\frac{4.0}{W}$;

　　　　当$W \leqslant 4.0$ m/s时,$K=1$,$\frac{W}{4.0}$取1;

ΔH ——相应的中浚站预报潮差，m。

淡水的定义为含盐度小于或等于 0.5‰。

浦东机场码头每日出现的淡水百分比与动力要素的关系见图 1-12。含盐度≤0.5‰时，每日淡水出现的百分比为 $R_{0.5}$：

$$R_{0.5} = \left[1 + 0.377\,4(DL)^{1.217\,7}\right]^{-1} \tag{1-5}$$

如果以最小值包络线计，则：

$$R_{0.5最小} = \left[1 + 0.987(DL)^{1.377\,7}\right]^{-1} \tag{1-6}$$

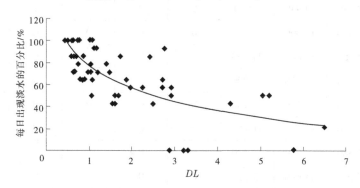

图 1-12　浦东机场码头每日出现淡水的百分比与动力要素的关系

图 1-12 表明，动力要素 DL 小于 3，每日出现淡水的百分比极大部分都在 40% 以上。应该指出，此处相关关系点群相当分散，直接用于预测在各种动力要素作用下，浦东机场码头淡水的出现概率意义不大。但这一相关关系明确了风速风向对本地盐水入侵的影响。在强劲的东南风或西南风作用下，即使长江上游径流量比较大，仍然会出现明显的盐水入侵。若枯季上游流量比较小，在强劲的西北风作用下，本地区仍然会出现淡水。

第 3 节　没冒沙水库抽取淡水概率的分析

此处主要利用浦东机场每月出现淡水的百分比与大通站月平均流量的关系来分析判断没冒沙水库抽取淡水的概率。为此，此处统计分析了大通站 50 多年的月平均流量资料和长江大通站流量分别小于 8 500 m³/s、9 000 m³/s、9 500 m³/s、10 000 m³/s 和 11 000 m³/s 的连续天数，如果统计小于某一流量的连续天数，中间出现不足 7 d 的流量略大于某流量，统计时将这不足 7 d 的流量也视为小于某流量来统计。

3.1　大通站流量的统计

3.1.1　大通站月平均流量（通过上述阐述方法处理）

大通站 1—12 月多年月平均流量、最大月平均流量、最小月平均流量及月平均流量小于或等于 8 500～11 000 m³/s 出现的年数统计见表 1-2。

表1-2　大通站月平均流量统计　　　　　　单位：m³/s

月份	平均	最大	最小	≤8 500 次数	≤9 000 次数	≤9 500 次数	≤10 000 次数	≤11 000 次数	统计 年数/a
1月	11 550	20 980	7 440	6	10	10	17	32	55
2月	11 070	25 140	6 830	9	15	21	26	33	55
3月	14 320	28 540	7 180	2	5	11	13	14	55
4月	20 980	39 940	9 630	0	0	0	1	2	53
5月	30 400	45 000	14 460	0	0	0	0	0	50
6月	37 980	55 060	23 690	0	0	0	0	0	51
7月	48 490	70 820	29 900	0	0	0	0	0	51
8月	46 640	83 560	26 180	0	0	0	0	0	52
9月	41 830	77 190	21 460	0	0	0	0	0	52
10月	36 380	57 750	17 470	0	0	0	0	0	43
11月	27 550	43 690	15 320	0	0	0	0	0	43
12月	16 450	24 310	9 870	0	0	0	1	3	54

　　除1—3月会出现月平均流量小于9 500 m³/s外，其余9个月的月平均流量都大于9 500 m³/s。图1-13为1—3月大通站月平均流量小于8 500~12 000 m³/s各级流量的出现年数及所占百分比。

3.1.2　大通站日平均流量小于或等于8 500~11 000 m³/s的统计分析

　　图1-14为大通站日平均流量连续小于或等于8 500 m³/s、9 500 m³/s、10 000 m³/s和11 000 m³/s各种天数的出现年数及出现的百分比。大通站小于或等于8 500 m³/s、9 500 m³/s、10 000 m³/s和11 000 m³/s的最大连续天数分别为78 d、84 d、86 d和107 d。出现上述流量连续小于60 d(2个月)的年数分别为2 a、9 a、16 a、21 a。

3.2　没冒沙水库抽取淡水概率的分析

3.2.1　各月抽取淡水的可能性分析

　　当大通站月平均流量超过20 000 m³/s时，月出现淡水概率大于50%；当大通站月平均流量超过30 000 m³/s时，月出现淡水概率大于65%。表1-2显示，洪季6月、7月、8月、9月的最小月平均流量超过20 000 m³/s，最小的出现淡水概率大于50%。如果以月平均流量计，5—11月，每月的月平均流量均大于20 000 m³/s，月可取水概率大于50%，其中7月、8月、9月三个月的平均流量大于40 000 m³/s，月取水概率大于70%。12月的月平均流量为16 450 m³/s，按式(1-3)计算，月可取水的概率为22.8%。

　　用式(1-3)计算，当大通站月平均流量为9 500 m³/s时，月出现淡水的概率为11.67%，即每月至少有84 h可取到淡水。如果按最大值计算，出现淡水的百分比大于30%，每月可取水时间超过200 h。假定大通站月平均流量小于9 500 m³/s时，即取不到

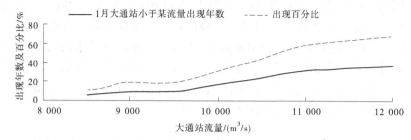

(a)1月大通站月平均流量小于某值出现年数(多年平均11 550 m³/s,最小平均7 440 m³/s)

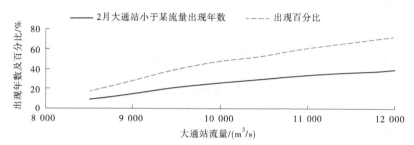

(b)2月大通站月平均流量小于某值出现年数(多年平均11 070 m³/s,最小平均6 830 m³/s)

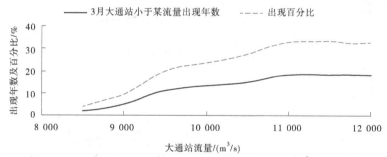

(c)3月大通站月平均流量小于某值出现年数(多年平均14 320 m³/s,最小平均7 180 m³/s)

图 1-13　1—3 月大通站月平均流量小于 8 500~12 000 m³/s 各级流量的出现年数及所占百分比

(多年平均 11 550 m³/s,最小平均 7 440 m³/s)

淡水,由此可判断各月抽取淡水的概率。由表 1-2 可知,1 月月平均流量小于 9 500 m³/s 为 10 a,2 月为 21 a,3 月为 11 a。上述数据表明,1 月抽不到淡水的概率为 18.2%,2 月为 38.2%,3 月为 20%。机场码头站大通流量为 8 500 m³/s 时,有时仍有淡水,上述分析只代表最不利情况下取不到淡水的概率。

　　值得指出,由于受台湾暖流和北支倒灌的双重影响,4 月机场码头站不可取淡水相对应的大通站流量应大于 9 500 m³/s。3 月下旬是春分,每年春分及秋分附近潮差最大。多年的统计表明,4 月的最大潮差要比 1—2 月大 1 m 以上,北支倒灌与青龙港潮差成 3 次方比例,潮差越大,倒灌越严重。2006 年 3 月下旬与 4 月中上旬平均流量为 16 900 m³/s,比 2 月平均流量 9 650 m³/s 大得多,但北支倒灌的影响却是 4 月大于 2 月。2006 年 4 月上中旬受北支倒灌的影响,陈行水库含盐度连续 8 d 超过 0.5‰。受此影响,机场站小潮期含盐度全天超过 0.5‰,而大潮汛期外海盐水直接入侵的影响又很明显,容易形成由小汛至大汛均受到明显的盐水入侵的影响。由图 1-15 可知,大通站平均流量小于 17 000 m³/s 共出现 13 a,出现概率为 25.5%;小于 15 000 m³/s 共出现 5 a,出现概率小于 10%。由此可知,如果大通站平均流量小于 15 000 m³/s,4 月出现不可取淡水的情况,其出现概率小于 10%。由于资料有限,这一问题有待进一步论证。9 月下旬的秋分,北支潮差也特别大,如果遇上枯水年加上三峡蓄水的影响,9 月和 10 月也可能出现严重的盐水入侵,由于上游流量相对比较大,择时抽取淡水应该没有问题。

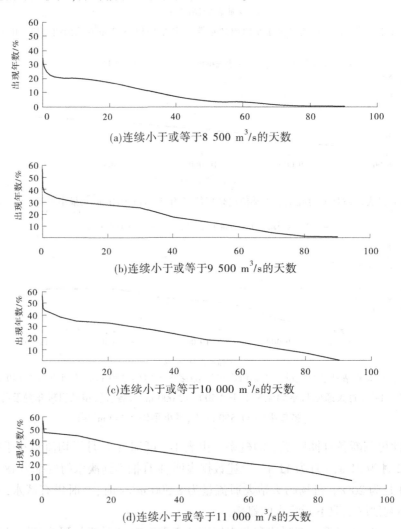

图 1-14　大通站日平均流量连续小于或等于 8 500 m³/s、9 500 m³/s、

10 000 m³/s、11 000 m³/s 各种天数的出现年数

3.2.2　连续不可取水天数的可能性分析

3.2.2.1　考虑 1979 年特枯年

大通站日平均流量小于或等于 9 500 m³/s 的最大连续天数为 84 d,如果仍以小于该流量为没冒沙水库取不到淡水来考虑,过去的 57 a 中,最大的连续不可取水天数为 84 d,

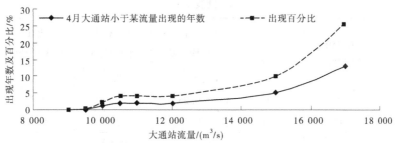

图 1-15　4 月大通站月平均流量小于某值出现的年数

发生在 1979 年,频率为 98.29%。应该指出,月平均流量为 9 500 m³/s 时,仍有 11% 以上时间可以取到淡水,上述假定是偏于安全的。如果以大通站日平均流量小于或等于 8 500 m³/s 取不到淡水来考虑,1979 年型枯水年,连续不可取水天数为 78 d,与小于或等于 9 500 m³/s 标准相比两者十分接近。

1979 年,大通站出现了历史上最小流量 4 620 m³/s。黄浦江吴淞水厂约 30 a 的含盐度统计数据表明(见表 1-3),1979 年也是受盐水入侵影响最严重的一年,如果以含盐度 0.5‰ 为淡水的标准计算,吴淞水厂当年有连续 72 d 不能取到淡水。含盐度小于或等于 0.45‰ 的出现时间为 3 369 h,约为 140 d。实测资料表明,就吴淞口的盐水入侵而言,北支倒灌的影响要大于外海盐水直接入侵。这两种盐水入侵方式有一定的区别,将吴淞口盐水入侵与没冒沙水域直接相关较为困难。由于径流大小对外海盐水直接入侵以及北支倒灌的影响是相同的,1979 年型的枯水年对没冒沙水域的盐水入侵的影响也应该是最严重的。

表 1-3　吴淞水厂含盐度统计

年份	≥0.45‰ 小时数/h	≥1.8‰ 小时数/h	1—4 月平均含盐度/‰	1—4 月平均流量/(m³/s)	当年最大含盐度/‰	当年最小流量/(m³/s)
1974	2 273	554	1.05	10 980	4.72	7 750
1975	551	77	0.36	13 120	3.53	8 732
1976	448	60	0.26	14 120	3.50	8 800
1977	1 002	245	0.61	10 370	6.13	8 240
1978	1 254	211	0.64	10 680	6.42	6 770
1979	3 369	1 443	1.98	9 200	7.12	4 620
1980	1 671	323	0.62	11 250	5.23	6 430
1982	146	0	0.14	14 530	1.73	7 520
1983	40	0	0.1	16 250	0.83	10 100
1984	189	44	0.18	10 660	3.46	8 620
1985	94	2	0.14	18 475	2.20	9 940

续表 1-3

年份	≥0.45‰ 小时数/h	≥1.8‰ 小时数/h	1—4月 平均含盐 度/‰	1—4月 平均流量 /(m³/s)	当年 最大含盐度 /‰	当年 最小流量 /(m³/s)
1986	370	15	0.25	12 570	2.63	7 850
1987	998	199	0.52	12 089	5.61	7 040
1988				15 599		8 600
1989	55	0	0.15	18 253	0.99	8 820
1990	0	0	0.09	19 816	0.15	10 300
1991	0	0	0.10	20 941	0.15	9 050
1992	150	14	0.16	21 273	3.07	9 000
1993	231	0	0.19	14 153	1.36	8 700
1994	103	2	0.33	16 762	2.16	10 200
1995	0	0	0.11	19 238	0.22	10 300
1996	549	68	0.33	14 884	3.28	7 990
1997	148	17	0.21	16 272	2.20	9 930
1998	0	0	0.10	27 233	0.16	9 120
1999	1 382	195	0.68	12 300	3.90	7 690
2000	362	0	0.24	16 704	1.37	11 500
2001	972	5			1.98	
2002	416	0			0.78	

3.2.2.2　95%供水保证率不可取水分析

浦东机场码头站具有位于长江口南槽盐水入侵上游端、位置偏南和水深浅三个特点，使其成为含盐度低谷区。枯季长江口上游流量比较小时，该站理应处于盐水控制之下，在减水、科氏力和横向环流等因素作用下，当大通站相应流量小于 8 500 m³/s 时，该站仍可出现淡水，在同一断面上，北侧 2 号与南侧 4 号垂线的含盐度最大差值接近 10‰，表明在枯季盐水入侵相当严重的情况下，南侧仍然有淡水。表 1-2 显示，1 月和 2 月是长江上游流量最小的月份，长江口地区实测的含盐度资料表明，盐水入侵最严重时，往往出现在 3月。1979 年，吴淞口最大含氯度 3 960 mg/L 发生在 3 月 6 日，1999 年，陈行水库连续 25 d不能取到淡水，从 2 月底开始持续到 3 月中旬。浦东机场码头站 2004 年 3 月 23 日至 4月 20 日近 1 个月，仅有 2 h 含盐度小于 0.5‰，这是本站 14 个月测量期间，盐水入侵影响最严重的时期。大通站 2004 年 1—4 月月平均流量分别为 10 600 m³/s、9 650 m³/s、12450 m³/s 和 16 900 m³/s，最小月平均流量出现在 2 月，盐水入侵影响与大通站流量大小并不完全对应。3 月下旬的春分是一年中天文大潮期，北支倒灌盐水强度与潮差 3 次方成正比，这一时期上游流量比较小，大潮期北支倒灌比较严重，2004 年 4 月，陈行水库连续 8 d 不能取到淡水。倒灌水团到达浦东机场码头站的时间正处于小潮汛期，通常情况下,该站小潮汛期间盐水入侵相对较弱,经历北支倒灌影响时,落潮流期间下泄含盐度较高的倒灌水团,因而 2016 年 3 月下旬至 4 月中旬,浦东机场站出现含盐度持续较高的状况。

历年的大通站资料表明,只有 1—3 月的月平均流量可能小于 9 500 m^3/s,从上游径流量对河口盐水入侵影响的角度出发,每年 1—3 月的月平均流量的大小,对浦东机场站出现淡水的概率有较大影响。大通站 1—3 月的多年月平均流量为 12 310 m^3/s,历年最小的 1—3 月的月平均流量为 7 840 m^3/s,频率为 98.2%,出现在 1979 年;次小的 1—3 月的月平均流量为 8 310 m^3/s,出现在 1963 年;第 3 位最小 3 个月的月平均流量为 8 760 m^3/s,出现在 1987 年,频率接近 95%。1987 年,吴淞口水厂经历不可取淡水的天数为 35 d(受黄浦江上游来水影响,每天间断出现的数小时的淡水不予考虑)。1987 年型枯水,连续不可取淡水的天数要大于 35 d。

从小于或等于 8 500 m^3/s 的连续天数来考虑,最长的天数为 78 d,发生在 1979 年;其次为 65 d,发生在 1963 年;第 3 个最长的连续天数为 60 d。由于没冒沙水域盐水入侵的特殊性,在西北风减水因素影响下,大通站相应流量为 8 500 m^3/s,仍有可能出现淡水。1 月、2 月是长江口地区频繁出现西北风的季节,大通站流量为 8 500 m^3/s,以上出现淡水的可能性比较大。在该水域 95% 的供水保证率条件下,连续不可取水的天数为 65~67 d(考虑两次寒流之间的时间间隔)。

应该指出,2004 年 1—3 月的月平均流量的频率为 58.9%,如果以 1—4 月的月平均流量计,则频率为 70.9%。实测的 14 个月资料表明,每个月均有 10% 以上时间可以抽取淡水,最大连续不可取水天数小于 30 d。1979 年型枯水年时,连续不可取水的天数为 78~84 d。

从偏于安全角度出发,建议在 98.3% 的供水保证率下,水库库容应考虑 84 d 连续不能取水加上其前后数月入库水量小于出库水量之和来计算。

第 4 节　有关没冒沙生态水库建设的建议

4.1　没冒沙生态水库的蓄水位应略高于平均高潮位

没冒沙生态水库的上口位于南槽盐水入侵的上游端附近,没冒沙生态水库长约 20 km,即使在洪季,水库下游端的含盐度也相当高,底部含盐度更高。如果蓄水位低,盐水的渗透影响比较大,水库蓄水位高,水库内的静水压力大,可以起到防止盐水渗入水库的作用。如果在枯水期到来时,将水库蓄水位提高到 4.5 m,没冒沙水库的库容将增加为 2.5 亿 m^3。

长江口盐水入侵严重的时期,在出现连续几十天不能取水的情况下,水库水位将明显下降,海水的渗透压力将非常大,水库围堤的防渗措施值得关注。

4.2　生态水库应该防止水质富营养化

边滩或近海岸水库为了防止盐水入侵的影响,水库一般都是封闭的,水库内水体并不与附近水域相通。如果水库用水量不大，水库内水体容易产生富营养化。韩国仁川港附近的西屋海湾水库，由于水质问题，被迫重新打开入海口门，让海水交换水库内部分水体，以改善水库水质。没冒沙生态水库肩负容蓄淡水的作用，水库必须与附近水域彻底隔断。在水库下游端建一排水泵站，必要时开启该泵站，以改善水质。如果设法降低排水泵站的抽水口高程，排水泵站还可抽走水库底层渗入的含盐度相对比较高的水体。

第 5 节　结　语

（1）没冒沙与南汇高滩之间形成的浅槽，建成水库后，可获 2 亿 m³ 的库容，相当于 20 个陈行水库的库容量，这个方案对上海市水资源合理配置有深远意义。

（2）没冒沙水域有位于南槽南侧和水深较浅两个优势，长江口含盐度北高南低，外海盐水容易从深槽入侵，这两个特点使该水域的盐水入侵影响相对比较小。实测资料表明，该水域是含盐度的低谷区，这些特点对没冒沙水库容蓄淡水十分有利。

（3）没冒沙水域在长江口南槽盐水入侵上游端附近，对潮汐、径流、风、浪和科氏力等动力因素影响比较敏感。该水域的含盐度变化十分复杂，在某些有利因素的作用下，枯季可以整天为淡水所控制，这个特点增加了枯季容蓄淡水的机会。

（4）风速风向对没冒沙水域影响十分明显，东南风壅高水位起到增加盐水入侵作用，西南风在断面上形成环流，使北侧高盐海水流向南侧，上述两种风向起到增强没冒沙水域盐水入侵的作用。西北风使口门水位降低，起到减水作用，上游下泄流量增加，使该地区盐水入侵影响减弱。冬春枯水季节，受寒潮的影响，经常刮强劲的西北风，也增加了枯季容蓄淡水的机会。

（5）没冒沙水域靠近外海，以外海盐水直接入侵为主，除春分及秋分附近外，北支倒灌的影响比较小。

（6）浦东机场码头月平均含盐度与月平均流量呈指数关系，当月平均流量小于 10 000 m³/s 时，月平均含盐度增加较快。

（7）考虑 1979 年型特枯年，以大通站流量小于 8 500 m³/s 或 9 500 m³/s 为标准，没冒沙水库连续不能抽取淡水的最长天数为 78～84 d。从偏于安全角度出发，建议在 98.3% 的供水保证率下，水库库容按最长为 84 d 连续不能取水来计算。

（8）此处论述的抽取淡水的概率，以机场码头站实测资料为依据。兴建没冒沙水库后，该站将不复存在，但新的抽水站仍位于南槽最南侧的浅水区，偏南、浅水和位于南槽盐水入侵上游端的基本特点仍然存在。没冒沙水库抽水站位置的盐水入侵特性与机场码头站应该十分相似，此处的论述适用于该水库抽水站。

在本项工作进行过程中，陈吉余院士、薛鸿超教授、王振中总工程师提出了很多宝贵意见；徐建益总工程师等提供了不少资料；上海水务局和上海实业集团对本项工作极为支持，在此深表感谢。

参考资料

[1] 陈吉余,陈美发.控制长江口北支咸潮倒灌支持南水北调[M]//南水北调(东线)对长江口生态环境影响及其对策.上海:华东师范大学出版社,1988.

[2] 薛鸿超,王义刚,宋志尧.南汇嘴控制工程和没冒沙生态水库初步研究[R].南京:河海大学海岸及海洋工程研究所,1987.

[3] 韩乃斌.长江口分汊水道盐水入侵的特性[R].南京:南京水利科学研究院,1986.

第 2 章　长江口南支河段水质分析[❶]

第 1 节　概　述

宝钢(宝山钢铁总公司)是我国一个大型钢铁联合企业,为确保钢厂正常生产,对水原水质有一定的要求。以氯离子为水质指标,规定年平均值不超过 50 mg/L,最大值不超过 200 mg/L。在枯水季节,宝钢附近的长江水源,氯离子含量常不能满足上述标准。设计部门决定在离钢厂约 70 km 抽取上山湖引水 ,投资 1.56 亿元。1980 年,国家建委(现为住房和城乡建设部)批复同意先建到东大盈,投资为 1.1 亿元,并且已经开始铺设管道。

淀山湖或东大盈取水方案基建投资大,运行费用十分昂贵,原水成本高达 0.23 元/t,生产 1 t 钢,水费即达 10.02 元,如果出现 1979 年这样严重的枯水情况,东大盈最大氯度高达 1 010 mg/L,淀山湖最大氯度也达 251 mg/L,仍达不到规定的水质标准。

为此,重新提出利用长江水作为水源方案之一,拟在浏河口附近建水库及泵站。在枯季来临之前,抽取不超过 200 mg/L 的长江水储存在水库内作为江水不合格期间的钢厂水源。为确定水库的库容,需要知道在流量保证率为 95%～97% 的前提下,枯水期在浏河口附近连续不能取到合格水的天数,作为决定可行性方案所需的设计依据。本书试图通过对实测资料的分析,提供有关南支河段水质问题的定性和定量数据,供规划设计参考。

第 2 节　影响南支河段氯度的因素

影响长江口氯度变化的因素主要有上游径游、太湖流域的水情、沿江各闸的引排水情况、潮汐、外海盐度和北支倒灌程度等。就南支河段来说,起控制作用的因素是上游径流的大小和北支倒灌到南支的水量。

2.1　径流

每年 5 月中旬到 11 月中旬,是长江上游径流比较大的季节,南支河段基本上全部是淡水。根据多年平均值来看,洪季吴淞口水厂氯度大于 100 PPM 的概率只有 1.5%,但在枯季,吴淞口水厂氯度大于 100 PPM 的概率在 40% 以上。图 2-1 纵坐标为每年出现 200 PPM 以上氯度的小时数,横坐标为流量小于 14 000 m³/s 的天数乘上多年平均最小枯水流量与当年最小月平均流量之比值。图 2-1 表明氯度和上游流量之间有良好的相关关系。由此可见,控制吴淞水厂氯度的主要因素是上游径流。

图 2-2 为吴淞口—老石洞口氯度相关曲线,图 2-2 表明,吴淞口与老石洞口氯度之间

---

❶ 本章由韩乃斌编写。

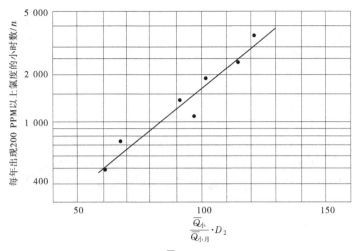

图 2-1　n 与 $\dfrac{\overline{Q}_{小}}{\overline{Q}_{小月}} \cdot D_2$ 的关系曲线

相关程度较高,因此上游径流也是控制南支河段氯度的主要因素之一。

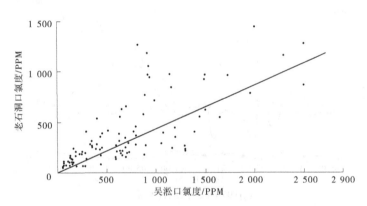

图 2-2　吴淞口—老石洞口氯度相关曲线(1978 年)

2.2　北支倒灌

　　洪水季节,南支河段基本上没有盐水入侵的问题。枯水季节,盐水入侵比较严重,其入侵情况除了受长江径流控制外,也和北支倒灌到南支的水量密切相关。

　　众所周知,氯离子是随水流来回运动的。在正常情况下,氯离子是从下游方向来的。流速过程线和氯度过程线有对应的关系,即落潮憩流附近氯度最小,涨潮憩流附近氯度最大(见图 2-3)。

　　在大潮汛期间,由于北支水量向南支倒灌,氯度分布出现了反常现象。图 2-4(a)为 1979 年 2 月 28 日至 3 月 1 日大潮汛时,南支河段南岸各测站氯度变化过程线。由于北支倒灌,位于上游的七甫口(即七丫口)出现比下游浏河口和吴淞水厂大得多的氯度峰值,从吴淞口到七丫口,氯度有沿程增加的趋势。在更为上游的徐六泾站,北支倒灌影响急剧减小,氯离子降为 100 mg/L 左右。

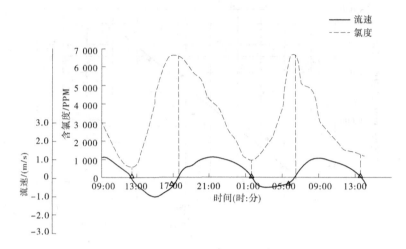

图 2-3　典型的氯度和流速过程线(1978 年,北港纵向 5#)

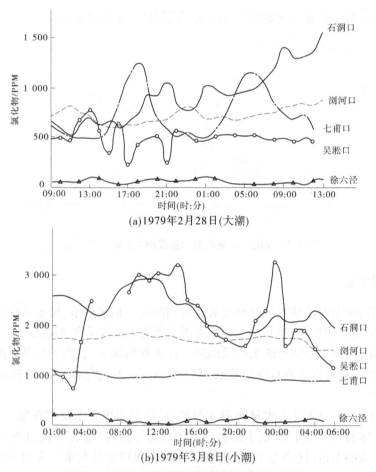

(a)1979年2月28日(大潮)

(b)1979年3月8日(小潮)

图 2-4　南支河段南岸各测站氯度变化过程线

氯离子的低—高—低现象表明,在大潮汛期间,南支河段的氯离子主要从北支倒灌而来。图 2-5 为七丫口、石洞口、吴淞口(白三角)的氯度和流速过程线(测流断面位置见图 2-6)。图 2-6 上表明,氯度最小值出现在涨潮憩流附近,最大值出现在落潮憩流附近。这种氯度与流速的关系跟上述正常情况是完全不同的,表明氯离子不是由涨潮流从下游方向带来的,而是由落潮流从上游方向带来的,更清楚地解释了北支倒灌的影响。

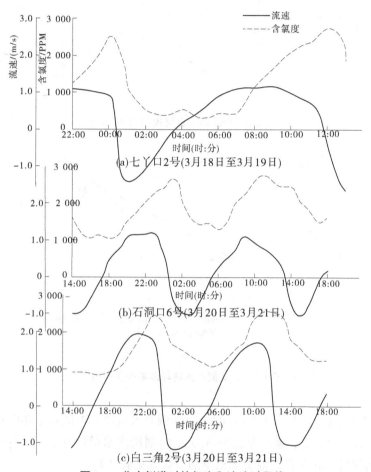

图 2-5　北支倒灌时的氯度和流速过程线

长江口河床的变迁,使流入北支的径流量从 1915 年的 25% 减少到 1959 年的 0.7% 左右。随着上游径流量的减少,北支逐渐恶化,水深变浅,到 1973 年初,北支最小水深仅为 0.2 m。在北支宽浅的喇叭形河槽中,形成了涌潮,加剧了北支水量和沙量的倒灌。1960 年,枯季实测的北支倒灌水量与潮差的关系见图 2-7。大潮时,每潮倒灌量可达 1 亿 m³ 以上。近年来,北支枯水季节虽然没有进行过水文测验,但洪季大潮实测每潮倒灌量仍在 1 亿 m³ 左右,北支向南支倒灌水量的基本趋势不变。应该指出,洪季大潮北支倒灌量虽然很大,但因为上游径流量大,倒灌水量所占的百分比比较小,加上洪季时,北支受到小潮汛期间上游下泄径流的稀释,含盐度不高,倒灌引起的盐水入侵,还没有达到影响钢厂用水水质的程度。

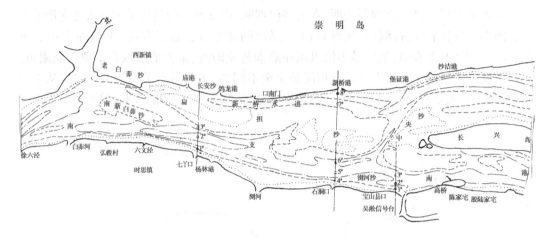

图 2-6　长江口南支河段(1:250 000)

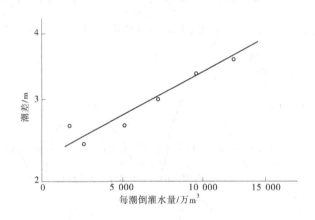

图 2-7　北支倒灌水量与潮差的关系曲线

根据图 2-7 估计,潮差为 3.5~4.0 m,每潮倒灌水量约 1.3 亿 m³;潮差为 3.0~3.5 m,每潮倒灌水量约 1 亿 m³;潮差为 2.5~3.0 m,每潮倒灌水量约 0.5 亿 m³;潮差在 2.5 m 以下,不计倒灌量。北支青龙港实测枯季潮差频率见表 2-1。

表 2-1　北支青龙港实测枯季潮差频率

潮差	3.5~4.0 m	3.0~3.5 m	2.5~3.0 m	2.5 m 以下	合计
出现次数	3	62	99	195	359
百分比	0.84	17.27	27.57	54.32	100

用上述数据估算,枯季北支倒灌到南支的水量约 152 亿 m³。因为枯季长江径流量小,倒灌水量在南支河段中的作用,是比较大的。

枯季,北支下泄的径流量甚微,整个北支基本上被海水所控制。例如,青龙港 1974 年 1 月 8 日含盐度为 24.58‰,2 月 9 日含盐度为 30.72‰,3 月 10 日含盐度为 15.73‰,4 月 9 日含盐度为 16.02‰。即使以实测最小含盐度 15‰估算,每潮倒灌水量为 1 亿 m³ 时,即相当于倒灌食盐 150 万 t。整个枯季倒灌盐量可达 2.28 亿 t。这么巨量的溶解盐势必先在南支河段扩散开来,然后才能逐渐排到外海去,这是目前南支河段氯度较高的原因之一。

第 3 节　长江口氯度分布情况

3.1　纵向分布

长江口纵向盐度分布的一般特点是从上游向下游逐渐递增。图 2-8 为各种水文条件下,典型的涨憩和落憩盐度分布图。图 2-8 表明,枯水时盐水上溯比洪水时远,上游径流量越小,盐水上溯的距离越远。枯季时涨憩和落憩纵向盐度分布图的坡度比较平缓,洪季时则比较陡。统计 1959 年以来历次纵向测验,长江口涨潮憩流平均含盐度沿程变化率见表 2-2。

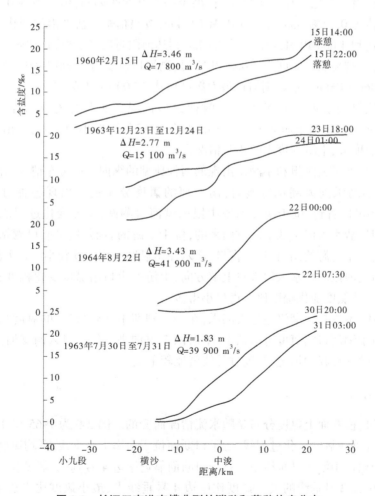

图 2-8　长江口南港南槽典型的涨憩和落憩盐度分布

表 2-2　长江口涨潮憩流平均含盐度沿程变化率　　　　　‰/km

测验时间 (年-月)	1959-08	1960-02	1960-05	1960-08	1960-10	1963-07	1963-12
含盐度沿程 变化率	0.59	0.36	0.35	0.69	0.53	0.69	0.30
测验时间 (年-月)	1964-08	1965-08	1975-07	1978-08	平均		
含盐度沿程 变化率	0.79	0.45	0.40	0.50	0.51		

注:表中沿程变化率数值是一次涨潮憩流时的平均值。

表 2-2 显示,涨潮憩流时含盐度(代表含盐度的峰值)的沿程变化率,洪季比枯季大,洪枯季含盐度沿程变化率相差 1 倍左右,洪季约为 0.59‰/km,枯季约为 0.33‰/km,各测次总平均值为 0.51‰/km,即 289 PPM CL/km,按照枯季含盐度沿程变化率估计,即使吴淞口氯度达到 4 000 PPM,再向上游 24 km 到达河附近时,氯度应该比较小。由于北支倒灌的影响,实测吴淞口氯度为 3 000 PPM 时,浏河口氯度为 2 000 PPM。当吴淞口达到最大氯度 3 960 PPM 时,估计浏河口最大氯度可达 2 700 PPM 左右。

南支河段纵向氯度分布可以出现两种典型情况。如上所述,在大潮汛时会出现图 2-4(a)所示的氯度从下游向上游逐渐增加的反常现象;在小潮汛时,会出现图 2-4(b)所示的下游氯度大,上游氯度小的正常情况。

应该指出,除了大潮汛和小潮汛出现的两种典型的纵向氯度分布情况,在从大潮汛到小潮汛和从小潮汛到大潮汛过渡时,南支河的氯度分布也会出现各种过渡情况。从图 2-4 我们还可以看到,位于南支河段中段的浏河口测站,氯度变化过程线有独特的特性。在小潮时,盐水入侵是从下游方向来的,位于下游的石洞口、吴淞口测站氯度变化幅度比较大,而位于上游的浏河口、七丫口、徐六泾站氯度变化幅度较小。在大潮汛时,由于北支倒灌,南支河段的盐水入侵来自上游方向,上游七丫口站氯度变化幅度较大,而位于下游的浏河口站氯度变化幅度比七丫口小得多。

如上所述,不论是小潮汛还是大潮汛,在一个潮期中,浏河口站的氯度总变幅是比较小的,这是由于浏河口的氯度可以从上、下游两个方向来。氯度进入南支河段后,会出现来回游荡、扩散和稀释的情况,氯度过程线就比较平缓。

3.2　横向分布

一般来讲,横断面上氯度分布是随水流情况而变的。图 2-9 为 1965 年 3 月七丫口和石洞口断面各垂线氯度变化过程线,七丫口断面位于南岸 1 号垂线,平均氯度比中泓 2 号垂线大,但变幅比中泓 2 号垂线小。石洞口断面靠近岸边 4 号垂线,氯度变幅也比中泓 2 号垂线小。中泓 2 号垂线的最大氯度比岸边 4 号垂线大,最小氯度比岸边 4 号垂线小。这反映中泓垂线盐水入侵快,退得也快。从石洞口断面来看,南岸主槽的氯度要比新桥水道大得多。

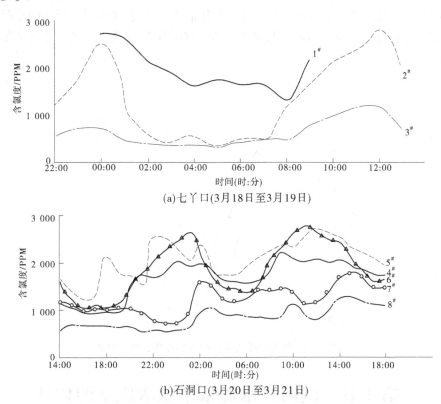

(a)七丫口(3月18日至3月19日)

(b)石洞口(3月20日至3月21日)

图 2-9　1965 年 3 月七丫口和石洞口断面各垂线变化过程线

　　应该指出,上述氯度横向分布,是和 20 世纪 60 年代时的水流和地形相适应的。从 1965—1966 年的南支河段地形图来看,崇明岛西南还有大片浅滩和主流隔开。北支倒灌水量是从靠近上游方向的江心洲一侧进入南支主槽的。从涨潮流转为落潮流后,主流偏向弯道凹岸,南支主流的北侧也受到上游径流的冲淡作用,造成断面上氯化物南侧高、北侧低的分布规律。由于新桥水道上口滩面高,高潮位时,才有大量水流进入新桥水道,高潮位时氯度较低,这样就造成 60 年代靠崇明一侧氯度比较低的情况。

　　进入 70 年代以后,白茆沙北水道向北岸崇明一侧靠拢,主流紧贴崇明岛上端新建闸一带。北支倒灌水体主要集中在白茆沙北水道,北支部分倒灌水量就近进入新桥水道,使新桥水道含盐度增高。

　　从长江口模型枯水大潮、北支倒灌定性试验来看(1979 年地形),北支倒灌的水团,涨潮时沿着白茆沙向上游方向前进,落潮时沿白茆沙北水道向下。潮差越大,北支倒灌水团越靠向南侧。在七丫口附近,倒灌水团位于中泓附近,并向南北两侧扩散。倒灌水团经七丫口后,逐渐稀释向下游方向运移出海。

3.3　竖向分布

　　氯度在垂线上分布,总是表面小、河底大。表底层的分层程度视紊动强度而定。上游径流量大、潮差小，表底分层严重一些；上游径流量小、潮差大，表底层氯度差就小一些。图 2-10 为南支河段枯季大潮实测垂线含盐度分布，这是代表表底层分层小的情况。即使这样，表面含盐度总是要比河底含盐度小一些。这样看来，水源泵站的取水头应尽量靠向表面，以吸取低氯度水源。

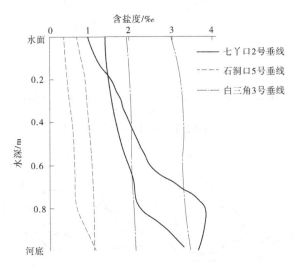

图 2-10　南支河段枯季大潮实测垂线含盐度分布

第 4 节　浏河口水源泵站取水概率的估计

　　要可靠地确定浏河口水源泵站连续不能取到合格水的天数，需要有浏河口测站长期的氯度资料作为依据，现有资料还不能满足这个条件。另外一个途径就是找出有长期资料的吴淞水厂和浏河口氯度之间的相关关系，由此推算取水概率。

　　现有的浏河口资料是在浏河闸下取水样分析得来的，与相应的长江资料有一些区别，浏河口每次取水样的时间在高潮憩流附近，目的是取得氯度的峰值资料。如上所述，在大潮汛期间，由于北支倒灌的影响，氯度峰值出现在落潮过程中或者在落潮憩流附近。这样看来，浏河闸所取的氯度峰值资料，至少在大潮期间，其代表性是有问题的。因此，直接寻找浏河口与吴淞水厂氯度之间的相关关系，来推算取水概率，意义不大。

　　在现有条件下，只能用吴淞水厂的资料来估算浏河口水源泵站的取水概率。采用吴淞水厂的资料可靠性如何？是大家关心的一个问题。

　　从上述分析可知，枯季大潮北支倒灌时，浏河口氯度大于吴淞水厂的氯度，枯季小潮时，吴淞水厂的氯度比浏河口大。众所周知，每月出现大小潮的概率是相近的，因此浏河口和吴淞口氯度峰值互有大小，出现的概率可能相似。就历年出现的最大氯度而言，吴淞水厂比浏河口大（见前文）。从连续不能取水的天数来看，1980 年 2—3 月，吴淞水厂氯度超过 200 mg/L 的连续天数为 15 d。浏河口每天只测高低潮附近两次氯度，如果一天两次氯度都超过 200 PPM，确定连续不能取水的天数，则 1980 年 2—3 月连续不能取水的天数为 12 d，与吴淞水厂不能取水的天数接近。从仅有的 1980 年资料来看，浏河口不能取水的天数与吴淞水厂不能取水的天数是一致的。这样,用吴淞水厂连续不能取水天数来代表浏河口附近连续不能取水的天数尚有一定根据。

在分析吴淞水厂氯度资料时,我们已经注意到吴淞口出现的氯度与长江上游流量之间有良好的相关关系。进一步分析表明,每年上游大通站出现最小枯水流量后,吴淞水厂就会有连续数天氯度超过 200 PPM(包括每天氯度小于 200 PPM、时间不足 2 h 的天数以及前后都超过 200 PPM 而只有一天不超过 200 PPM 的天数)。氯度连续超过 200 PPM 的天数和最小流量有关,流量越小,连续超过 200 PPM 的天数越多。

根据上述分析,我们点绘了吴淞水厂每年氯度连续超过 200 PPM 的天数与多年平均最小枯水流量和当年最小流量之比值与每年大通流量小于 14000 m³/s 的天数的乘积的相关曲线(见图 2-11),该曲线为指数曲线,用最小二乘法计算得到下列相关公式:

$$D_1 = 0.32e^{0.028\,1\left(\frac{\overline{Q}_{小}}{Q_{小}}D_2\right)} \tag{2-1}$$

式中 D_1——每年氯度连续超过 200 PPM 的天数;

$\overline{Q}_{小}$——多年平均最小枯水流量,取 7 900 m³/s;

$Q_{小}$——当年最小枯水流量,m³/s;

D_2——每年大通站流量小于 14 000 m³/s 的天数。

采用式(2-1)计算的结果和实测值的对比见图 2-12。

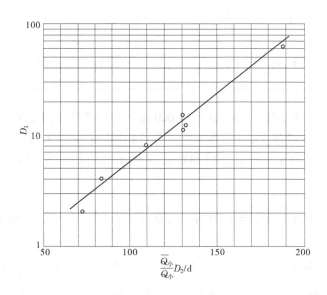

图 2-11 D_1 与 $\dfrac{\overline{Q}_{小}}{Q_{小}}D_2$ 的关系曲线

按照设计要求,$Q_{小}$ 需采用流量保证率为 95% ~ 97%,保证率为 95%。$Q_{小}$ = 5 710 m³/s,保证率为 97% 时;$Q_{小}$ = 5 400 m³/s。此流量概率已经包括 1979 年的特别枯水情况。

大通站每年流量小于 14 000 m³/s 的天数与每年最小枯水流量见表 2-3。

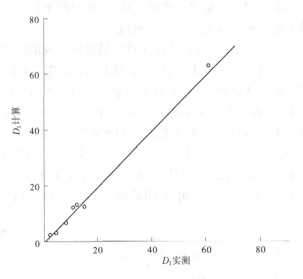

图 2-12 D_1 的实测值和计算值比较

表 2-3　大通站每年流量小于 14 000 m^3/s 的天数与每年最小枯水流量

年份	1974 年	1975 年	1976 年	1977 年	1978 年	1979 年	1980 年
每年流量小于 14 000 m^3/s 的天数	128	106	113	128	114	92	74
最小枯水流量/ (m^3/s)	7 750	6 430	6 770	7 750	8 240	8 730	8 030

由表 2-3 可知,大通站每年流量小于 14 000 m^3/s 的天数与最小流量之间相关关系不明显,出现最枯流量的 1979 年,其每年流量小于 14 000 m^3/s 的天数只相当 68.8% 的频率。为安全起见,采用每年流量小于 14 000 m^3/s 的天数的频率为 80%,即 113 d 来预报不能取水的天数。

取流量保证率为 95%,$Q_小 = 5\ 710\ m^3/s$,$D_2 = 113\ d$ 时,$\dfrac{\overline{Q_小}}{Q_小}D_2 = 156.6$,则按式 (2-1)

计算 $D_1 = 26\ d$。取频率为 97%,$Q_小 = 5\ 400\ m^3/s$,$D_2 = 113\ d$ 时,$\dfrac{\overline{Q_小}}{Q_小}D_2 = 165.31$,则

$D_1 = 33\ d$。当频率为 95% ~ 97% 时,设计水库需考虑能蓄水 26 ~ 33 d 的库容。

第 5 节　南支河段氯度变化趋势预测

5.1　三沙治理对南支河段盐水入侵的影响

三沙的位置,洪季不在盐水入侵的范围内。枯季在盐水入侵的上游端,即使盐水入侵

上游端的水流的情况有所变化,对外海来的盐水入侵影响也不大。就北支倒灌而言,三沙整治要减少新桥水道的分流量。北支倒灌水量进入新桥水道的流量会减少,因而北支倒灌水量经南支主槽的水量有所增加。因新桥水道流量变幅不大,估计对南支主槽氯度变化的影响也不会大。

5.2　浚深航道的影响

长江口航道现在浚深 1 m 左右。现有条件下,航道浚深对盐水入侵影响的规律尚难摸清。根据荷兰特尔夫特水工试验所试验结果,浅挖即挖深 1~2 m,每浚深 1 m,盐水入侵长度约增加 1.5 km;挖深 2~6 m,每浚深 1 m,盐水入侵长度约增加 3.5 km。在可以预计的将来,长江口是浅挖,盐水入侵的影响要小一些。应该指出,长江口情况与荷兰鹿特丹港的情况有所不同,由于没有实测资料,只能提供荷兰的情况作为参考。

5.3　南水北调的影响

如果考虑近期南水北调的流量为 1 000 m³/s,洪季时调水对盐水入侵长度影响不大。枯季时,调水后盐水入侵长度约增加 2.3 km。枯季调走 1 000 m³/s,吴淞水厂 100 PPM 以上氯度约增加 19%,500 PPM 以上氯度约增加 37%,洪季调水对吴淞水厂水质几乎没有什么影响。如果控制枯季调水量,则可大大减少盐水入侵的影响。

5.4　堵北支的影响

如上所述,枯季大潮汛时,北支倒灌严重,每潮倒灌水量达 1 亿 m³ 以上,所含盐量可达 150 万 t。堵塞北支后,从根本上消除了北支倒灌这个因素。南支河段上游不再有盐水入侵来源,整个南支河段将保持上游氯度小、下游氯度大的正常规律。从吴淞口资料来看,大潮汛氯度要比小潮汛小得多。到达上游 25 km 的浏河口,氯度还会按一定的沿程变化率减少,这样可保证每天都有氯度小于 200 PPM 的取水时间。堵塞北支后,上游径流量集中到南支河段,可以减小潮汛时南支河段的盐水入侵状况。在上游径流量相同的条件下,由于没有北支倒灌盐量下泄和来回游荡这个因素,吴淞口氯度也会大大下降。堵北支,对浏河口取水是非常有利的。

第 6 节　结　语

本章分析了长江口南支河段氯度分布规律。实测资料表明,枯季大潮,受北支倒灌影响,南支河段出现上游氯度大、下游氯度小的反常现象,小潮汛时恢复上游氯度小、下游氯度大的正常分布规律。在有北支倒灌的情况下,南支河段沿程变化率比较小,有时还会出现负值,这样使整个南支河段氯度偏高。如果堵塞北支,整个南支河段的氯度将会显著下降,在浏河口取水就会完全满足钢厂的水质要求。

堵北支后,可以减少北支水量和沙量的倒灌。减少水量倒灌,可以减少南支河段盐水入侵程度,对改善上海市枯季自来水水质也大有好处。减少沙量倒灌对整治南支河段,甚至对整个长江口航道整治都有利。堵北支后,还可围垦大量农田,对人口稠密的长江三角洲地区的意义是非常深远的,因此向有关部门建议堵北支,立即开展这方面研究工作,对很多部门都有好处。

南支河段现有的实测资料,已经包括北支倒灌的影响。本文分析吴淞水厂氯度连续超过 200 PPM 的天数和上游流量之间的相关关系,得到上游流量保证率为 95%~97% 时,连续不能取水的天数为 26~33 d。在计算中已经加大了小于 14 000 m³/s 的天数。实测资料表明,浏河口连续不能取水的天数比吴淞口小,因此本章估算的吴淞水厂连续不能收到 200 PPM 以下水源的天数是偏于安全的,可以作确定浏河口水源泵站可行性方案时参考。

应该指出,浏河口附近缺少连续的、长期的氯度资料,本章所得结果是以吴淞水厂为基础的。为更可靠地确定浏河口水源泵站不能连续取水的天数,对南支河段氯度变化规律必须进行深入研究。这就要在枯季连续测量七丫口、浏河口、石洞口、吴淞口的氯度资料,在此基础上才能做出更为可靠的分析。本项工作时间比较紧,实测资料不能完全满足分析的要求,加上参加工作的同志水平有限,不足之处,望批评指正。

参考资料

[1] 韩乃斌. 长江口盐水入侵分析[R]. 南京:南京水利科学研究所,1979.

[2] 宝钢指挥部. 长江枯水径流概率统计[R]. 1981.

[3] Rigter B P. Mini mu m lenth of salt intrusion in estuaries[J]. A. S. C. E Hy Div,1973(9).

第 3 章　长江口南支河段水质补充分析[❶]

第 1 节　概　述

根据宝钢指挥部的要求,在氯离子最大不超过 200 PPM,流量保证率为 95% ~ 97%,每天可抽水时间至少为 2 h 的情况下,我们在第 2 章中,根据实测资料求得浏河口附近不能取水的天数为 26~33 d,现在指挥部又提出在采用长江水时,氯化物年平均值能否保证不超过 50 PPM,流量概率与水质概率的关系和每天取水时间为 4 h 连续不能取水的天数等问题,要求进一步做些补充分析。本章仍然试图通过实测资料的分析来回答上述问题。

第 2 节　长江水源氯化物的年平均值

在浏河口附近没有长期实测资料的情况下,正如第 2 章中指出的,在一定条件下,我们可以借用吴淞水厂的资料来推测浏河口附近的取水概率。然而,我们必须注意到,浏河口附近的水质与吴淞水厂的水质毕竟是不同的。吴淞水厂的水质除受长江径流(包括北支倒灌因素)控制以外,在落潮期间还要受到黄浦江上游来水和上海市工农业生产污染所产生的影响,这样就促使黄浦江水本身的氯离子高一些。另外,在干旱年份,淀山湖和其他与黄浦江相通的小支流要受到长江倒灌进来的氯离子的影响,氯离子一旦进入淀山湖及其他支流,要经过数以月计的时间才能全部排出黄浦江,吴淞水厂水源内氯离子就会比长江水高得多。而浏河口附近长江水质主要受长江径流和北支倒灌两个因素的影响,在北支倒灌水体含盐度不高的情况下,浏河口附近的长江水实际上就是长江上游的径流。众所周知,长江径流本身的氯离子一般不到 10 PPM,是工农业用水的理想水源。由于长江水和黄浦江水之间存在明显差异,在考虑长江水源的平均值时,直接用吴淞水厂氯化物年平均值来代表,显然是不合理的,在借用吴淞水厂资料说明长江水源的水质时,一定要作适当的修正。

表 3-1 为 1979 年 5 月至 1980 年 4 月宝钢电厂氯化物与吴淞水厂氯化物的比较表。虽然宝钢电厂每天只测一次氯化物,所得资料有一定的随机性,但表 3-1 仍然可以反映出长江中的氯离子要比黄浦江中的低。表 3-1 中除了 1979 年 12 月和 1980 年 1—2 月外,其余 9 个月宝钢电厂的长江水每月至少有 10 d 其氯度要比吴淞口的最小氯度还要小。如果宝钢电厂也是 24 h 连续测量的话,其最小氯度比吴淞水厂最小氯度低的天数还要大大增加。在利用水库调节的情况下,则表 3-1 所列的 1979 年 5—11 月及 1980 年 3—4 月,取用氯离子低于 15 PPM 的水源是完全没有问题的,表 3-1 也表明,1979 年 12 月经过水库

---

❶　参加本项工作的有卢中一和韩乃斌,由韩乃斌编写。

调节,可以取到氯离子小于 50 PPM 的长江水。这样,剩下的 1980 年 1—2 月,即使假定取用月平均高达 150 PPM 的水源,则氯离子全年平均值为:

$$(15 \times 9 + 50 \times 1 + 150 \times 2) \div 12 \approx 40.5(\text{PPM})$$

实际上,在长江水中氯离子一般不会超过 50 PPM,因此月平均氯离子要小于 150 PPM。这样看来,1979 年 5 月至 1980 年 4 月全年平均氯离子不超过 50 PPM 的可能性是很大的。1974 年,吴淞水厂全年平均氯化物达 76 PPM,根据同样的理由,考虑水库调节和长江水中氯度低于黄浦江水这两个因素,1974 年型的长江水也能保证氯化物年平均值不超过 50 PPM。

表 3-1 宝钢电厂和吴淞水厂氯化物比较   单位:mg/L

日期 (月-日)	农历	宝钢电厂氯化物	吴淞水厂氯化物			
			每日 09:00	每日 10:00	日平均	日最小
05-02	四月初七	1 010	980	960	734	300
05-03	四月初八	800	890	800	544	210
05-04	四月初九	600	580	500	435	178
05-06	四月十一	210	212	216	190	150
05-08	四月十三	36	150	150	131	80
05-09	四月十四	31	150	147	118	83
05-10	四月十五	10	130	126	105	60
05-11	四月十六	10	120	121	91	56
05-13	四月十八	210	74	78	59	35
05-14	四月十九	370	88	90	103.6	76
05-15	四月二十	420	170	166	187	94
05-16	四月二十一	600	364	320	296	122
05-17	四月二十二	500	540	548	333	84
05-18	四月二十三	190	406	366	253	154
05-20	四月二十五	44	150	133	132	94
05-21	四月二十六	16	82	76	107	66
05-22	四月二十七	12	126	80	96	52
05-23	四月二十八	9	110	70	77	42
05-24	四月二十九	8	82	74	58	34
05-25	四月三十	9	68	66	44	24
05-27	五月初二	24	32	30	24	16

1979 年 5 月

续表 3-1

1979 年 5 月

日期 (月-日)	农历	宝钢电厂氯化物	吴淞水厂氯化物			
			每日 09：00	每日 10：00	日平均	日最小
05-28	五月初三	56	24	26	22	14
05-29	五月初四	54	39	26	31	25
05-30	五月初五	90	46	41	44	30
05-31	五月初六	102	68	66	71	42
平均		212.0	227.1			

1979 年 6 月

日期 (月-日)	农历	宝钢电厂氯化物	吴淞水厂氯化物			
			每日 09：00	每日 10：00	日平均	日最小
06-01	五月初七	20	98	104	92	56
06-03	五月初九	47	98	100	77	62
06-04	五月初十	22	44	44	62	36
06-05	五月十一	12	46	44	55	36
06-06	五月十二	8	72	68	53	13
06-07	五月十三	9	50	36	36	18
06-08	五月十四	8	36	30	29	16
06-11	五月十七	7	16	16	14	6
06-12	五月十八	19	14	14	14	10
06-13	五月十九	54	13	16	15	13
06-14	五月二十	52	72	18	27	16
06-15	五月二十一	66	50	42	46	26
06-17	五月二十三	52	94	80	72	56
06-18	五月二十四	53	72	60	66	58
06-19	五月二十五	25	52	53	58	44
06-20	五月二十六	10	54	36	51	25
06-21	五月二十七	10	48	52	41	29
06-22	五月二十八	8	48	48	40	25
06-24	六月初一	8	40	38	35	16
06-25	六月初二	8	38	46	32	17
06-26	六月初三	7	28	32	30	16

续表 3-1

1979 年 6 月

日期 （月-日）	农历	宝钢电厂 氯化物	吴淞水厂氯化物			
			每日 09：00	每日 10：00	日平均	日最小
06-27	六月初四	12	30	32	31	16
06-28	六月初五	8	36	20	37	17
06-29	六月初六	9	50	40	46	18
平均		23		47.9		

1979 年 7 月

日期 （月-日）	农历	宝钢电厂 氯化物	吴淞水厂氯化物			
			每日 09：00	每日 10：00	日平均	日最小
07-01	六月初八	7	48	60	87	32
07-02	六月初九	7	72	80	105	44
07-03	六月初十	8	76	96	105.5	76
07-04	六月十一	8	84	78	98	40
07-05	六月十二	11	120	92	108	48
07-06	六月十三	11	128	128	99.5	44
07-08	六月十五	10	102	131	75.8	28
07-09	六月十六	10	80	70	53.3	24
07-10	六月十七	10	54	66	42	20
07-11	六月十八	10	40	48	36	18
07-12	六月十九	10	36	38	31	17
07-13	六月二十	10	30	38	29	14
07-15	六月二十二	9	16	20	19.9	11
07-16	六月二十三	8	10	10	23.8	10
07-17	六月二十四	7	14	12	28	12
07-18	六月二十五	8	14	15	40.4	14
07-19	六月二十六	11	80	76	85	28
07-20	六月二十七	11	120	120	88	38
07-21	六月二十八	5	107	107	82.5	44
07-23	六月三十	5	78	38	63.5	33
07-24	闰六月初一	6	62	73	55	32
07-25	闰六月初二	6	54	56	44	22

续表 3-1

1979 年 7 月

日期 （月-日）	农历	宝钢电厂 氯化物	吴淞水厂氯化物			
			每日 09:00	每日 10:00	日平均	日最小
07-26	闰六月初三	8	42	40	32	17
07-29	闰六月初六	9	22	28	24	12
07-30	闰六月初七	8	21	30	26	12
07-31	闰六月初八	8	15	24	27	10
平均		9	58.7			

1979 年 8 月

日期 （月-日）	农历	宝钢电厂 氯化物	吴淞水厂氯化物			
			每日 09:00	每日 10:00	日平均	日最小
08-01	闰六月初九	8	12	18	31	11
08-02	闰六月初十	11	18	14	29.2	12
08-03	闰六月十一	9	16	14	29.7	10
08-06	闰六月十四	8	26	20	18.5	10
08-07	闰六月十五	8	14	14	13.4	10
08-08	闰六月十六	16	11	12	12.1	9.5
08-09	闰六月十七	6	14	12	11.5	8
08-10	闰六月十八	10	10	14	11.1	8
08-12	闰六月二十	12	10	10	12.7	8
08-13	闰六月二十一	14	14	14	15	12
08-21	闰六月二十九	8	30	28	24.1	14
08-22	闰六月三十	7	26	28	20.3	13
08-23	七月初一	8	24	24	17.5	10
08-24	七月初二	11	18	19	13.8	9
08-27	七月初五	19	30	34	27	12
08-28	七月初六	34	40	44	42.6	26
08-29	七月初七	31	60	64	54	44
08-30	七月初八	11	72	94	126.6	44
08-31	七月初九	9	90	90	79	48
平均		13	28			

续表 3-1

1979 年 10 月

日期 （月-日）	农历	宝钢电厂 氯化物	吴淞水厂氯化物			
			每日 09:00	每日 10:00	日平均	日最小
10-03	八月十三	7	33	21	34	12
10-04	八月十四	6	52	40	26	12
10-05	八月十五	8	30	34	19	10
10-07	八月十七	8	20	21	15	9
10-08	八月十八	15	20	18	16	8
10-09	八月十九	19	17	20	17	14
10-10	八月二十	9	19	22	19	16
10-11	八月二十一	8	26	28	20	12
10-12	八月二十二	8	22	24	45	14
10-14	八月二十四	6	50	58	46	18
10-15	八月二十五	8	74	74	63	18
10-16	八月二十六	6	76	67	51	18
10-17	八月二十七	6	38	26	24	12
10-21	九月初一	6	26	30	21	11
10-22	九月初二	7	22	35	29	14
10-23	九月初三	7	43	56	34	16
10-24	九月初四	11	46	54	37	19
10-28	九月初八	26	64	80	63	28
10-30	九月初十	6	85	86	78	34
10-31	九月十一	9	82	68	65	30
平均		9.3	42.5			

1979 年 11 月

日期 （月-日）	农历	宝钢电厂 氯化物	吴淞水厂氯化物			
			每日 09:00	每日 10:00	日平均	日最小
11-01	九月十二	7	84	84	55	28
11-02	九月十三	6	48	52	42	22
11-04	九月十五	8	50	48	28	14
11-06	九月十七	10	40	50	34	20
11-07	九月十八	112	50	54	46	38

续表 3-1

1979 年 11 月

日期（月-日）	农历	宝钢电厂氯化物	吴淞水厂氯化物			
			每日 09:00	每日 10:00	日平均	日最小
11-08	九月十九	160	60	58	75	45
11-12	九月二十三	58	84	80	90.5	80
11-13	九月二十四	20	72	67	71	52
11-14	九月二十五	11	80	72	64	54
11-15	九月二十六	9	60	58	57	48
11-16	九月二十七	15	62	56	48	30
11-19	九月三十	15	66	72	44	18
11-20	十月初一	62	60	64	45	26
11-21	十月初二	208	51	58	50	38
11-22	十月初三	537	58	60	87	58
11-23	十月初四	854	84	76	182	72
11-25	十月初六	1 102	290	185	508	86
11-26	十月初七	1 160	680	450	556	103
11-27	十月初八	1 122	220	146	338	60
11-28	十月初九	828.12	600	490	313	76
11-29	十月初十	572	460	510	345	100
11-30	十月十一	339	74	256	231	70
平均		327.6	155.1			

1979 年 12 月

日期（月-日）	农历	宝钢电厂氯化物	吴淞水厂氯化物			
			每日 09:00	每日 10:00	日平均	日最小
12-13	十月二十四	604	208	270	196	82
12-14	十月二十五	348	180	338	183	72
12-16	十月二十七	189	82	88	138	80
12-17	十月二十八	45	86	100	147	84
12-18	十月二十九	28	102	104	142	102
12-19	十一月初一	15	120	114	129	112
12-20	十一月初二	20	108	132	113	96
12-23	十一月初五	606	132	124	144	88

续表 3-1

1979 年 12 月

日期 （月-日）	农历	宝钢电厂 氯化物	吴淞水厂氯化物			
			每日 09:00	每日 10:00	日平均	日最小
12-24	十一月初六	1 351	150	150	334	96
12-26	十一月初八	1 800	500	298	498	80
12-27	十一月初九	1 740	280	295	806	128
12-28	十一月初十	1 575	1 570	1 640	699	94
12-30	十一月十二	1 050	272	850	817	128
平均		721	291.5			

1980 年 1 月

日期 （月-日）	农历	宝钢电厂 氯化物	吴淞水厂氯化物			
			每日 09:00	每日 10:00	日平均	日最小
01-01	十一月十四	250	910	972	960	600
01-02	十一月十五	200	740	680	649	480
01-03	十一月十六	610	610	580	483	280
01-04	十一月十七	880	480	460	460	400
01-06	十一月十九	1 585	490	220	655	124
01-07	十一月二十	1 625	672	512	758	140
01-08	十一月二十一	1 650	1 300	240	663	104
01-09	十一月二十二	1 550	1 180	1 000	888	124
01-10	十一月二十三	1 465	1 320	1 040	859	270
01-13	十一月二十六	800	260	520	328	60
01-14	十一月二十七	415	100	400	244	84
01-15	十一月二十八	195	79	80	196	45
01-17	十一月三十	26	86	88	168	90
01-18	十二月初一	31	122	124	159	120
01-20	十二月初三	135	120	128	121	108
01-22	十二月初五	935	200	210	168	112
01-23	十二月初六	1 320	450	370	285	146
01-24	十二月初七	1 530	420	680	491	120
01-26	十二月初九	1 425	282	1 220	621	110
01-31	十二月十四	580	316	250	608	120
平均		860	507			

续表 3-1

1980 年 2 月

日期 （月-日）	农历	宝钢电厂 氯化物	吴淞水厂氯化物			
			每日 09:00	每日 10:00	日平均	日最小
02-01	十二月十五	605	180	104	242	102
02-03	十二月十七	695	220	200	323	108
02-04	十二月十八	750	300	230	393	136
02-05	十二月十九	915	244	220	381	116
02-08	十二月二十二	1 200	550	550	539	136
02-10	十二月二十四	1 060	800	760	379	100
02-11	十二月二十五	970	710	800	390	92
02-12	十二月二十六	875	380	800	282	94
02-13	十二月二十七	325	100	312	479	84
02-20	正月初五	614	200	216	254	180
02-21	正月初六	1 202	440	380	388	100
02-22	正月初七	1 642	810	760	638	310
02-24	正月初九	1 853	650	1 320	665	250
02-25	正月初十	2 152	231	200	632	200
平均		1 061	433.2			

1980 年 3 月

日期 （月-日）	农历	宝钢电厂 氯化物	吴淞水厂氯化物			
			每日 09:00	每日 10:00	日平均	日最小
03-01	正月十五	357	640	600	846	600
03-02	正月十六	121	700	640	633	420
03-03	正月十七	260	470	520	403	195
03-04	正月十八	287	324	348	324	300
03-05	正月十九	700	375	390	415	340
03-06	正月二十	1 128	460	431	529	365
03-07	正月二十一	1 128	760	560	603	270
03-10	正月二十四	390	330	320	185	80
03-11	正月二十五	104	162	170	108	60
03-12	正月二十六	44	96	82	91	70
03-13	正月二十七	18	94	70	87.5	52

续表 3-1

1980 年 3 月

日期 （月-日）	农历	宝钢电厂 氯化物	吴淞水厂氯化物			
			每日 09:00	每日 10:00	日平均	日最小
03-14	正月二十八	16	102	100	83	40
03-16	正月三十	11	100	90	61	40
03-17	二月初一	11	60	92	55	25
03-18	二月初二	38	40	44	43	24
03-19	二月初三	304	36	52	53	29
03-20	二月初四	326	148	144	168	60
03-21	二月初五	600	342	320	283	116
03-23	二月初七	570	530	460	248	106
03-24	二月初八	272	310	210	138	92
03-25	二月初九	92	96	100	100	74
03-26	二月初十	22	96	68	89	60
03-27	二月十一	9	98	62	85.3	36
03-28	二月十二	5	90	88	75	44
03-30	二月十四	10	100	94	64	40

1980 年 4 月

日期 （月-日）	农历	宝钢电厂 氯化物	吴淞水厂氯化物			
			每日 09:00	每日 10:00	日平均	日最小
04-01	二月十六	12	102	88	69	36
04-02	二月十七	12	88	88	62	36
04-03	二月十八	10	68	80	63	34
04-04	二月十九	16	58	70	59	38
04-06	二月二十一	68	70	78	74	50
04-07	二月二十二	78	92	90	87	56
04-08	二月二十三	89	80	82	86	60
04-09	二月二十四	44	80	82	85	68
04-10	二月二十五	49	84	76	99	68
04-11	二月二十六	13	82	66	93	56
04-14	二月二十九	9	64	54	38	20
04-15	三月初一	72	57	71	43	22

续表 3-1

日期 (月-日)	农历	宝钢电厂 氯化物	吴淞水厂氯化物			
			每日 09:00	每日 10:00	日平均	日最小
04-16	三月初二	420	58	60	71	36
04-17	三月初三	552	126	130	163	104
04-18	三月初四	752	300	208	276	102
04-21	三月初七	492	470	480	293	128
04-22	三月初八	394	400	440	245	106
04-23	三月初九	118	164	176	143	108
04-24	三月初十	45	124	104	104	92
04-25	三月十一	18	100	96	94	30
04-27	三月十三	14	88	85	79	54
04-28	三月十四	8	86	82	70	44
04-29	三月十五	9	82	80	50	40
04-30	三月十六	10	64	74	44	28

1980 年 4 月 为表格标题行

第 3 节　北支倒灌趋势的分析

在第 2 章中,我们已经指出,北支倒灌是影响南支河段水质的两个重要因素之一,由于时间紧迫,对北支倒灌趋势没有加以分析。现在我们试图从北支河床演变和潮波传播速度等角度来分析北支倒灌的趋势。

长江口北支 1915 年的净泄量占 25%,1958 年 9 月,实测平均净泄量仅占 8.7%,1959 年 8 月,实测 16 个潮净泄量进一步减少为 0.7%,到 20 世纪 70 年代,北支的净泄量经常出现负值,即水量由北支向南支倒灌。随着北支下泄径流量的变化,北支河槽也有很大的变迁,江中浅滩不断淤高、扩大,整个北支正处于衰亡过程中。以青龙港附近理论基准面以下的河床断面面积为例,1920 年左右为 2 万多 m^2,1958 年减少为 1 万 m^2,到 1978 年更进一步减少为 3 000 多 m^2。1958 年北支下口庙港附近断面面积为 41 600 m^2,到 1978 年缩小为 33 800 m^2,缩小了 18.75%。由于北支河槽缩窄变浅,潮波传播受到的阻力加大,速度减小,同时潮波的前坡更加陡峻,后坡非常平缓,强烈的变形以致在青龙港一带发生涌潮,潮头高达 1~2 m。

北支所经历的下泄径流量和河槽的变化,必然会影响到它的盐水入侵状况。在北支下泄径流逐渐减少的过程中,北支盐水入侵程度无疑会加剧。但是随着北支缩窄淤浅,潮波传播速度进一步降低,又会改变汇潮点位置,70 年代初期,汇潮点的位置在青龙港以西与南北支汇处之间,但 1979 年的水文测验表明,汇潮点已下移到青龙港以东,这是由于北支潮波速度减小后,南支潮波进入北支造成的。汇潮点向青龙港以东移动,南支低氯度的水体就会进入北支,青龙港附近的含盐度降低,倒灌到南支的盐量也会减少。表 3-2 为 1959 年、1974 年、1981 年三年青龙港站实测的含盐度。三年中 1959 年流量比较小,1974 年和 1981 年上游流量差不多。表 3-2 表明,1959—1974 年和 1981 年上游流量差不多。表 3-2 表明,1959—1974 年随着北支分流量的减少,含盐度有所增加,1974—1981 年随着北支汇潮点向东移,北支青龙港的含盐度已有所降低。这就表明,北支青龙港的含盐度在经历了逐渐增加这一过程后,又开始逐渐减少。青龙港含盐度减小,会减少北支倒灌到南支的盐量,这也是这两年南支河段含盐度不高的原因之一。北支处在自然衰亡过程中,预计汇潮点不会向西移动,因而近期内北支倒灌盐量不会加剧。

表 3-2　北支青龙港站实测含盐度　　　　　　　　　　　‰

含盐度	月份											
	1	2	3	4	5	6	7	8	9	10	11	12
1959 年						0.12	0.06	0.52	5.74	14.73	18.29	
1974 年	24.58	30.72	15.73	16.02	13.42	2.32	2.20	2.34	4.38			
1981 年			7.51	0.31	0.43	0.57	0.35	0.45	0.32	0.54	3.59	4.92

第 4 节　水库容积的考虑

　　大型钢铁联合企业对水质要求比较高,在确定钢厂水源的水库容积问题时必须持慎重态度,同时,如果把库容定得太大,又会浪费国家建设资金。本节拟详细介绍与确定水库容积有关的问题,供设计单位最后定水库容积作为依据。

　　(1)第 2 章库容为 26~33 d 用水量的由来,在第 2 章中,我们根据实测资料,导出了下列经验公式:

$$D_1 = 0.32e^{0.028\,1(\frac{\overline{Q_{小}}}{Q_{小}}D_2)}$$

　　在确定连续不能取水的天数 D_1 时,$Q_{小}$ 采用流量保证率为 95%~97% 计算,而 D_2 按 80% 的频率计算,这样求得库容为 26~33 d 的用水量。在确定 D_1 时,最好按 $\frac{\overline{Q_{小}}}{Q_{小}} \cdot D_2$ 的 95%~97% 的频率计算更为合理。同时考虑到浏河口附近除北支倒灌较严重的时间外,水质要比吴淞口好,而北支倒灌只有在潮差为 3 m 以上时才较为严重。青龙港潮差大于 3 m 的频率不到 20%,因此浏河口水质比吴淞口水质好的概率要大得多。从浏河口仅有的两年资料来看,也证明了这一点,1980 年吴淞水厂连续不能取水天数为 17 d,浏河口为 14 d,1981 年吴淞水厂不能取水天数为 3 d,浏河口仅为 1 d,因为浏河口一天只测 2 次氯度,如果 24 h 连续测量,浏河口连续不能取水的天数还要短,从这两点来看,计算所得结果应该是偏于安全的。

　　(2)用流量概率推算氯度概率的可靠性。

　　我们推导的经验公式是以 7 年资料为依据的(顺便指出,1981 年的数据正好落在经验关系直线上,这样可以说有 8 年资料)。作为相关分析资料,年份的确少了一些。但是在只有 8 年资料,又要回答问题的情况下,我们可以对 8 年资料的代表性作些分析,以便对这条相关公式的可靠性做到心中有数。在这 8 年资料中,1979 年为百年一遇的枯水年,连续不能取水的时间特别长,1974 年正处于北支倒灌特别严重的年份。由于 8 年资料中包括了特别枯水年和北支倒灌严重的两种典型情况,这样看来,8 年资料中包括了特别枯水年和北支倒灌严重的两种典型情况,代表性还是很强的,因而所得的经验公式有一定的可靠性。

　　关于 1979 年作为枯水年的代表性问题,我们认为是肯定的。1979 年的最小枯水流量是经过 200 年一遇的 1978 年的特大干旱以后才出现的,俗话说:"冰冻三尺非一日之寒"。出现最小枯水流量 4 620 m³/s 决非偶然。有人担心 1963 年出现过最小日平均流量,枯水流量持续时间也比较长,盐水入侵是否会更严重一些。我们认为,1963 年的盐水入侵肯定比 1979 年弱。理由有两个,第一,1963 年初的枯水年是在 1962 年丰水年以后出现的,跟 1978 年干旱以后出现的小流量性质是有不同的。第二,从黄浦江闸北、杨树浦、长桥水厂的资料来看(见表 3-3),在黄浦江较下游的闸北和杨树浦水厂,1979 年出现了比 1963 年约高 1 倍的氯度峰值,同时,1979 年 5 月至 1980 年 4 月的平均含氯度约为 1963 年同期的 1.5 倍,由此可见,1979 年的盐水入侵要比 1963 年严重得多。

表 3-3　1963 年与 1979 年黄浦江有关水厂原水氯化物比较　　　　单位:mg/L

月份	闸北水厂				杨树浦水厂				长桥水厂			
	最高值		平均值		最高值		平均值		最高值		平均值	
	1963	1979	1963	1979	1963	1979	1963	1979	1963	1979	1963	1979
1	66	930	30	331	53	112	34	93	27	336	20	95
2	796	3 820	196	1 235	338	1 160	59	273	20	190	18	98
3	1 750	2 810	895	1 112	768	1 320	257	414	—	204	—	145
4	2 140	2 060	859	372	950	304	278	180	336	212	103	159
5	440	1 060	75	163	294	168	83	127	73	158	55	134
平均			411	643			142	217			49	126

　　(3)水库库容的进一步考虑:

　　①如果按每天小于 200 PPM 不足 4 h 即为不能取水的天数,按第 2 章中的计算方法,在流量保证率为 95% 时,连续不能取水的天数为 35 d,流量保证率为 97% 时,连续不能取水的天数为 45 d。

　　②把经验公式 $\dfrac{\overline{Q_{小}}}{Q_{小}}D_2$ 的乘积用皮尔逊-Ⅲ型曲线计算频率,再将乘积的 95% 和 97% 的频率代入经验公式,求得连续不能取水的天数为 35~46 d。

　　③如果用频率计算方法,并考虑按每天小于 200 PPM 不足 4 h 为不能取水的天数,则

在频率为 95%~97%、连续不能取水的天数为 42~56 d。

④本文推荐的天数。

按照不同的要求和计算方法算出的水库库容蓄水的天数 26~56 d。按照流量保证率 97%、每天取水 2 h 计算的结果较为合理,也就是,水库库容为蓄水 33~46 d。考虑到 33 d 的计算方法不够严密,46 d 又没有考虑浏河口附近长江水源的有利条件,建议宝钢的长江水原水库库容为蓄水 40 d。这样的库容已经很保守了,如果 1979 年这样的枯水年重现,一定会有先兆的,到时可以临时借用练祁河蓄水来解决问题,没有必要为了百年一遇的 1979 年枯水年而把水库库容定为蓄水 60 d。

(4)采用流量概率来推算水质概率,原因是有长期的流量资料可以进行频率计算。我们现在只有 8 年的氯度资料,无法通过氯度用频率计算的方法确定库容。

(5)所提的 40 d 是用流量频率为 97%、取水时间为 2 h 得出的,在做工程设计时,是否需要留有余地,由使用和设计等单位会同研究后定,不考虑这个问题。

第 5 节　结　语

(1)在有水库调节的情况下,长江水源氯化物年平均值保证不超过 50 PPM 是没有问题的。

(2)北支含盐度在经历了逐渐增加的过程后,又开始逐渐减少,近期内北支倒灌盐量不会加剧。

(3)按照不同的要求和计算方法算出的水库库容蓄水天数为 26~56 d。推荐宝钢长江水源的水库库容为蓄水 40 d,本建议可以作宝钢水源设计时参考。

参考资料

[1] 邹德森. 长江河口北支近百年水文地貌的演变及发展趋势分析[J]. 江苏水利科技,1981(1):48-56.
[2] 韩乃斌. 长江口南支河段水质分析[R]. 南京:南京水利科学研究所,1981.

第4章　长江口分汊水道盐水入侵的特征[❶]

第1节　概　述

长江口径流量大,潮流作用强,在两股强劲的动力和柯氏力等因素作用下,流路往往不一致,江道中常出现岛屿与阴沙,构成有规律的分汊水道。徐六泾以下,由崇明岛将干流分为南支和北支,南支在浏河口以下被长兴和横沙等岛划分成南港和北港,南港再次为九段沙分隔为南槽和北槽(见图4-1)。外海高盐海水经过北支、北港、南槽和北槽四条汊道向上入侵。各汊道的断面形态、过水能力、分流量和潮汐特性各不相同,这些特性都是控制盐水入侵的重要因素,因而使口门地区盐水入侵方式非常复杂,不同的河段,盐水入侵方式可能完全不同。为了搞清各汊道盐水入侵规律,1983年12月—1984年4月和1984年12月至1985年4月,我们在青龙港、三条港、崇头、杨林、宝钢水库、南门、堡镇和高桥等8个站,逐时采样,测量含氯度。本章主要根据上述资料,分析北支、南支和南北港汊道盐度的变化规律,特别是北支的盐水入侵对南支和南北港的影响。

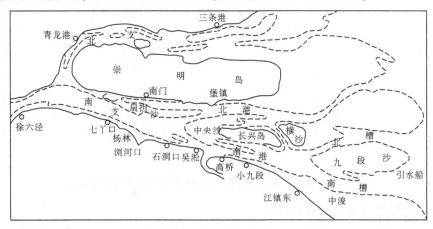

图4-1　长江口示意

第2节　北　支

2.1　三条港站含盐度的变化特性

2.1.1　含盐度随潮差变化

1984年12月至1985年2月,大通站流量为$10\,000\sim15\,000\;\mathrm{m^3/s}$,是枯水期流量相对

[❶] 本章由韩乃斌、卢中一、姬昌辉编写。

比较平稳的时期。众所周知,一个月中有两次大潮、两次小潮,潮差在月内呈近似的正弦曲线变化。三条港站这几个月的日平均含盐度与潮差的变化趋势一致,月内含盐度也出现两次峰值、两次谷值,盐度的峰值和谷值分别出现在最大潮差和最小潮差或者稍后的2~3 d 内。大小汛潮差的变幅大,含盐度的峰谷值之差也大(见图4-2)。

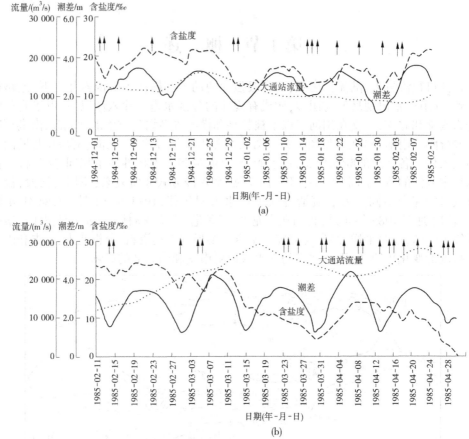

图4-2　北支三条港站含盐度、潮差和大通站流量过程线

2.1.2　含盐度变化受上游流量制约

3月11—27日和4月16—30日,大通站流量超过25 000 m³/s,在这期间,含盐度呈连续下降的趋势。由小汛到大汛,潮差增加时,仅使含盐度下降速度减慢,或者造成盐度变化的小起伏,见图4-2中的3月15—22日、4月18—20日。图4-2中的3月27日至4月16日,大通站流量再次降到25 000 m³/s以下,3月30日至4月7日,由小汛转大汛,潮差从1.2 m增加到4.5 m,日平均含盐度从4.43‰增加到14.3‰。由此可见,大通流量超过25 000 m³/s,三条港站附近江水会逐渐淡化,大通站流量在25 000 m³/s以下,三条港站含盐度随潮差而变化。

2.1.3　气象条件,特别是风对盐水入侵有一定影响

长江口有两岸约束的河段,刮南风或东南风时,南岸水位降低,北岸水位抬高,改变了断面上的横比降。在口外开阔地区,风速、风向变化可能造成增减水现象,但在短距离内

不可能产生明显的横比降,这样,水位抬高的一侧纵比降加大,分流量相应增加。对于北支来说,当风向为南、南南东、南东时,北支的分流量增加;在北支内的三个断面上,北岸分流量增加,南岸分流量减少。三条港站在北支北岸,在刮南风或东南风(如图 4-2 中箭头表示)时,如果在潮差减小过程中,含盐度减少的速度会加快。如 1984 年 12 月 2—3 日、13 日,1985 年 1 月 31 日和 2 月 14—15 日等;如果在潮差增加过程中,会出现一个含盐度减少的过程,如 12 月 6 日、1985 年 1 月 21 日、2 月 3—4 日和 3 月 5—6 日。

2.1.4　含盐度的日内变化与潮汐变化规律一致

当三条港潮差大于 2 m 时,一天内含盐度有两次周期性变化。含盐度峰值出现在高潮位后一小时左右,谷值出现在低潮位后两小时左右。潮差小于 2 m,基本变化规律与大潮时相似,但盐度变化的起伏较多(见图 4-3)。大潮汛时流速大,对流速起主要作用,含盐度变化比较有规律。小潮汛时流速小,扩散起一定的作用,同时,南北支之间的水流交换也比较复杂,造成含盐度的波动起伏。

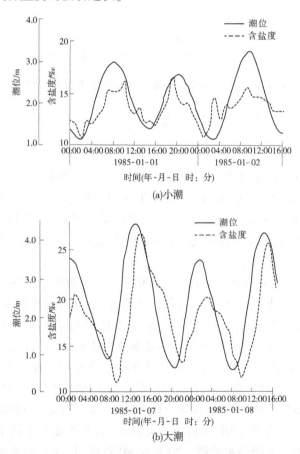

图 4-3　三条港站潮位与含盐度过程线

2.2　青龙港的盐度变化

采用 1984 年和 1985 年两枯季青龙港的实测资料,当长江上游流量在 25 000 m³/s 以下,点绘日平均潮差与相邻两日之间的盐度差的关系见图4-4。可能受风速、风向等一些随机因素的影响,点群比较散乱,但图4-4有一个明显的规律,潮差在2.5 m以上,含盐度逐日增加;潮差在2.5 m以下,含盐度逐日减小。假定在一个潮期内,忽略扩散的影响,则盐水传播以对流为主。这样,在青龙港盐度逐日减小时,可以近似地认为是净泄,青龙港盐度逐日增加时,则表示水流向上游方向倒灌。

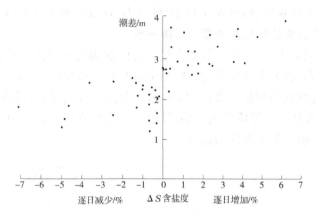

图4-4　青龙港站日平均潮差与两天之间盐度差的关系

2.3　南、北支水流交换及北支盐水倒灌问题

2.3.1　概　况

　　近百年来,北支的流量逐渐减少,1920年前后,北支实测径流量约占南北支总径流量的25%,1958年9月、1959年3月和1959年8月,北支的平均分流比分别为8.8%、1.85%和0.12%。近年来,北支分流比随上游径流量和潮差不同而有所变化。当上游径流量大、海口潮差小时,北支以净泄为主;当上游径流量小、海口潮差大时,北支不仅没有分流量,反而有水量倒灌到南支中去。

　　北支的盐水入侵状况与南北支分流密切相关。在上游淡水流量小、年平均潮差大的年份,盐水入侵比较严重。反之,盐水入侵问题不大。1974年,平均潮差接近3 m,创历史最大值,潮差大、北支倒灌到南支的水量增加,北支盐水入侵加剧。当年处于北支上口的青龙港,除了6月和7月上半月的小潮和寻常潮及7月下旬的小潮,含盐度在1‰以下,其余时间含盐度均在1‰以上,最大含盐度超过20‰。全年可以用江水灌溉的时间仅为一个月左右,下游启东县境内,则全年不能用江水灌溉。1975年以后,北支上口崇明一侧冲刷出一条新槽,潮波反射作用降低,潮差也随之减小,在上游流量相同的情况下,盐水入侵有所降低。20世纪70年代末期,适值天文大潮年,加上连续几个枯水年,盐水入侵非常严重,北支两岸基本上不能引水灌溉。20世纪80年代,长江上游流量相对来说比较大,大通站最近5年的年平均流量比前5年大5 000 m³/s。上游流量大、北支的分流量加大,盐水入侵随之减弱,北支可以灌溉的范围扩大,时间延长。

2.3.2　青龙港断面净流量的变化

　　青龙港断面距南北支交会口约13 km,处于水流交换比较频繁的地区。从定量上看,由于青龙港上游河段的容蓄作用,青龙港断面的倒灌和净泄与南北支水流交换是有差异的。从定性上看,青龙港断面的测流资料仍然可以反映南北支水流交换现象。

1959—1978 年青龙港断面历次水文测验资料表明,当地潮差在 2.5~3 m,上游流量在 30 000 m³/s 以下,净流量开始指向上游方向,即水量向南支方向倒灌。1984 年和 1985 年北支实测的盐度资料表明,上游流量在 25 000 m³/s 以下,青龙港断面才会出现向上游倒灌的情况。1959—1978 年的测流量比 1970 年减少了 5 000 m³/s。用上游流量来判断,青龙港断面向上游倒灌的程度,在某种意义上也反映出北支向南支倒灌的程度有所减轻。

2.3.3　南北支水流交换机制及发展趋势

鉴于南北支水流交换复杂多变,并且和北支盐水倒灌密切相关,北支交汇口附近的局部比降确定的,如果南支水位高、北支水位低,水流指向北支;反之,水流指向南支。一个潮期内净水流的方向取决于比降指向南北支的概率,影响南北支水流比降的因素主要有:

(1)长江上游流量:南支与长江干流直接相连,长江上游流量大,南北支交汇口南支一侧水位升高,比降指向北支的概率增加,北支处于净泄状态,反之,则可能出现倒灌现象。

(2)潮汐:在分汊河道中,潮汐对分流的影响是非常复杂的,各汊道的潮波变形和潮波传播速度不同,对汊道分流有明显的影响。分析青龙港和崇头的潮位及流速过程线表明(见图4-5),青龙港站低潮位出现在落憩附近,高潮位出现在涨憩前两小时左右,这种潮波接近于驻波。在南北支交汇口崇头附近,北支的断面面积远小于南支。北支和南支的关系,犹如河道与潮泊的关系。北支驻波形式的潮波传入南支后,出现坦化现象,高潮位附近非常平坦,持续时间长。崇头站潮位和流速的关系跟青龙港站有明显的区别。落憩时间推迟到高潮位附近,涨憩时间仍在高潮位后两个小时左右。整个涨潮流都在高水位阶段,落潮流则水位偏低,涨潮流时的过水断面面积大于落潮流时的断面面积。例如,1985 年 4 月 6 日大潮,涨潮流时平均水位 4.06 m,落潮流时平均水位为 1.95 m,涨潮流时平均断面面积约为落潮流时的 1.7 倍。涨落潮流的平均水位差随潮差而变,潮差越大,涨落潮流断面面积的差值也越大,因而小潮时净水流方向容易指向南支,造成北支倒灌问题。

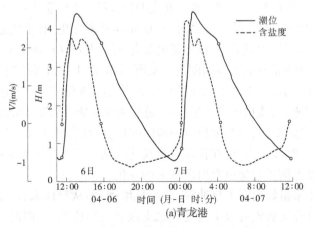

图 4-5　青龙港和崇头的潮位及流速过程线

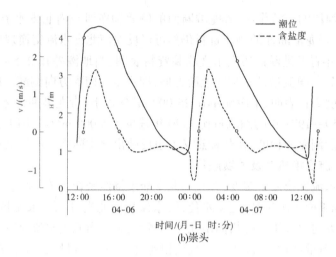

续图 4-5

（3）干流河床演变的影响：干流河床演变可以影响干流水体进入北支的交角，也可能因为弯道的形成和消失而改变交汇口附近的水位，因此改变指向南北支水流的比降。

（4）北支河床演变的影响：北支河床演变可以影响北支的潮波变形和传播速度。例如，北支全线淤积，向宽浅方向发展，是潮波变形加剧、出现涌潮和造成北支倒灌的主要原因，北支上口渐面冲深扩大，潮波反射减小，等于减小北支向南支倒灌的动力，使北支倒灌趋向缓和。

在上述因素的综合作用下，南北支水流交换情况不断变化。近年来，上游流量偏大，北支上游河段冲深扩大，潮波反射减小，分流量增加。北支中下游河段淤积速度加快，特别是新隆沙一带沙洲面积扩大，过水断面面积缩小，河床阻力进一步加大，潮波传播速度减小，有利于干流的水深入北支。20 世纪 80 年代，位于南北支交汇口上游的徐六泾河段主流北靠，江心沙南侧受到严重冲刷，不仅原来的滩地荡然无存，而且防洪大堤也被迫后退，使干流水体进入北支的交角减小，有利于增加北支的分流量。干流靠江心沙一侧 10 m 等深线不断下移，以东经 121°05′为准，其下游方向的 10 m 等深线长度，70 年代总是在 3~5 km 徘徊。1982 年前后，10 m 等深线迅速下移并越过北支口门（见图 4-6 和表 4-1），干流形成明显的弯道，弯道凹岸的顶端恰在北支口门附近。众所周知，由于弯道环流的影响，弯道凹岸一侧水位升高，这个因素有利于南支比降指向北支，增加北支分流量。上述诸因素都有利于南支水流伸入北支，减少北支的侧灌水量，这是近年来北支盐水倒灌有所减轻的原因。

长江口地区的主流变化，总是要持续一段时间的，因此有利于减轻北支倒灌的因素也会维持相当长的一个时段。当然，在长江口出现连续枯水年或连续丰水年，以及在上游河势有重大变化时，北支倒灌趋势也会出现较大的变化。

应该指出，近年来虽然北支上口冲深、分流量增加，但从整体来看，北支河床宽浅，平面外形呈喇叭形，这种河势没有根本改变。北支潮波变形剧烈，大潮时出现涌潮，垂线平均流速常超过 3.5 m/s，局部地区最大涨潮流速在 4 m/s 以上。因而北支倒灌有所减轻，但尚未根本解决问题。枯水大潮时，仍然出现较为严重的盐水倒灌问题，给南支和南北港河段带来不利的影响。

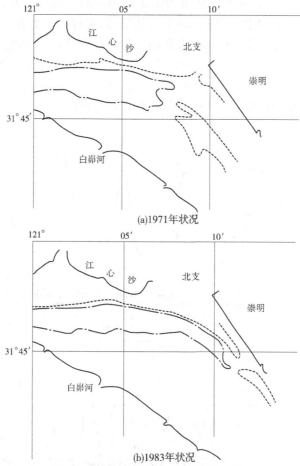

(a)1971年状况

(b)1983年状况

图 4-6　长江口北支附近干流河势变化

表 4-1　1982 年前后东经 121°05′以下 10 m 等深线长度

年份	1978	1979	1980	1982	1983	1984	1985
东经 121°05′以下 10 m 等深线长度/km	3.2	3.9	4.7	10.7	11.0	12.0	15.8

第 3 节　南　支

3.1　盐水入侵的来源

　　南支河段上游端与长江干流和北支交汇,下游端连接长兴和横沙两岛分隔的南北港,南港在横沙以下,再由九段沙分为南北槽,直接与外海相连。南支河段的特殊地理位置,使它有两个盐水入侵源,即外海盐水经南北港直接入侵和北支向南支倒灌。

3.2　外海高盐海水的入侵

　　图 4-7(a)为外海盐水直接入侵的情况下,沿程各站含盐度变化过程线,从图 4-7(a)

中可以看出,在外海盐水直接入侵时,即使北港堡镇站的含盐度高达 1.5‰~14‰,位于南岸上游方向 24 km 的宝钢水库和 33 km 的杨林站,同期的含盐度始终保持在 0.1‰以下,这表明北港的盐水入侵对南岸的影响非常小。在通常情况下,经北港直接入侵的盐水,在新桥水道内衰减也很快。图 4-8 中 1984 年 2 月 27—29 日反映了这种情况,此时北港堡镇到南门含盐度的递减率达 0.3~0.4‰/km。如果北港堡镇站的高氯度持续时间长,北港入侵的盐水也可能沿新桥水道上潮,影响到南门港附近。

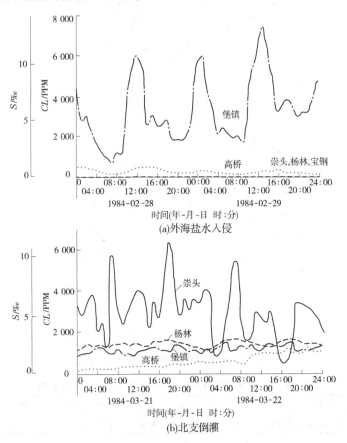

图 4-7　南支沿程各站盐度过程线

3.3　北支倒灌盐水在南支河段的运移方式

图 4-7(b)为南支各站逐时盐度变化过程线,它表明崇头的含盐度高于杨林,杨林的盐度又高于堡镇和高桥,纵向含盐分布从上游向下游递减,与正常的外海盐水直接入侵的情况正好相反。南支河段沿程各站日平均氯度变化过程线表明,位于南支河段中段的杨林和宝钢水库的氯度变化过程线明显比下游高桥和堡镇站超前,比上游崇头站落后(见图 4-8)。图 4-7(b)和图 4-8 都清楚地表明,杨林和宝钢水库的盐水入侵源位于上游方向,也就是盐水是从北支倒灌来的。

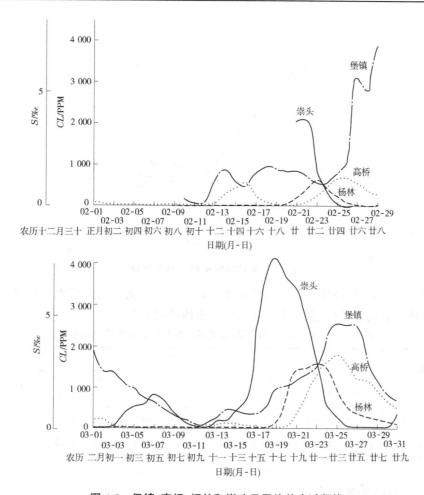

图 4-8 堡镇、高桥、杨林和崇头日平均盐度过程线

崇头附近的高盐度水体倒灌到南支河段后,一方面和南支水体掺混,盐度峰值明显降低;另一方面在上游流量的挟带下,逐渐向下游运移出海。倒灌水团向下游方向运移过程中,要排走南支河段原有的巨量水体。南支河段仅崇头到杨林,低潮位下河床容积就达15 亿 m³。排走大量水体需要时间,因此杨林的氯度过程线要比崇头推迟 2~4 d,宝钢要比崇头推迟 3~5 d,而高桥站又要比宝钢水库推迟 2 d 左右。南支河段盐水的这种运动方式,反映了北支倒灌水团向下游运移出海的过程。

图 4-9 中 3 月 19—21 日反映了北支倒灌时,新桥水道内盐度的变化情况。从崇头到南门,含盐度从上游向下游递减,变化率也比较大,说明倒灌起主要作用。堡镇站的盐度变化受外海盐水直接入侵的影响,盐度也比较高,因此南门到堡镇的盐度变化比较平缓。当倒灌水团经过南门时,短时间内,南门的氯度可以大于堡镇的氯度。

倒灌水团的影响范围远远超出南支河段,表 4-2 列举了 1978 年和 1979 年两次浏河至中浚的纵向氯度测量资料。1978 年 2 月 15 日从高桥至中滩氯度沿程减小,氯度分布从上游向下游呈倒比降形式,倒灌水团的前峰已达中浚站。1979 年 1 月 7 日的测量资料表明,倒灌水团的前峰也已到达中浚附近的三甲港站。从南北支交汇口到中浚站,距离为

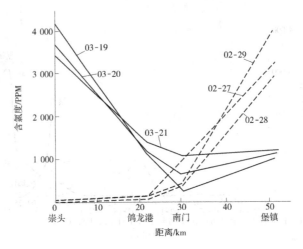

图 4-9　新桥水道沿程含氯度分布

106 km,倒灌水团运移过境的范围起码在 100 km 以上,直到口门外水体本身含盐度和倒灌水团主体含盐度接近时,倒灌水团才和临近水体掺混消失。

表 4-2　1978 年和 1979 年两次浏河至中浚的纵向氯度测量资料

日期 (年-月-日)	站名									
	浏河	跃龙	西排污口	狮子林	吴淞	高桥	五好沟	南排污口	三甲港	中浚
1978-02-15	1 820	1 913	1 971	1 934	1 783	1 842	1 616	1 265	1 109	997
1979-01-07	1 546	1 756	2 456	2 076	2 050	1 986	1 496	1 406	1 166	1 546

3.4　北支倒灌的作用

　　宝钢水库站近年来的测量表明,当南支河段完全为上游淡水流量控制时,含氯度约为 10 mg/L。当南支河段有盐水过境时,含盐度明显升高,表 4-3 统计了 1983—1985 年两个枯季宝钢站盐水入侵情况。两年中,宝钢站经历了 10 次盐水入侵过程,其中 7 次峰值附近连续 3 d 的平均氯度超过 50 mg/L,最大平均值为 1 905 mg/L。两年中实测最大瞬时氯度为 2 256 mg/L,相当于含盐度 4.1‰。宝钢水库站的 10 次盐水入侵过程,都是在南北支交汇口出现高氯度后引起的,1~2 d 后,下游高桥站也出现相应的盐水入侵过程。盐水入侵的这种特性,说明 10 次入侵过程都是由北支倒灌引起的。

　　宝钢的盐水入侵过程,都是在大通站流量小于 25 000 m³/s,青龙港站潮差大于 2.8 m 时发生的。本章第 2 节已经分析过,产生北支倒灌的条件之一为大通站流量小于 25 000 m³/s,这一点和宝钢站出现盐水入侵过程的条件是一致的。本章第 2 节也提到青龙港站潮差大于 2.5 m 时,就可能出现净流量指向上游的情况,由于青龙港和南北支交汇口之间 13 km 河段的容蓄影响,宝钢站在青龙港站潮差大于 2.8 m 时,才可能出现倒灌水团过境。

　　根据实测资料分析,南支河段过境的氯离子与上游流量的一次方成反比,跟青龙港站潮

表 4-3　1983—1985 年两个枯季宝钢站盐水入侵情况

大通站流量/(m³/s)	青龙港潮差/m	崇头 日期(年-月-日)	崇头 平均氯度/(mg/L)	宝钢 日期(年-月-日)	宝钢 平均氯度/(mg/L)	宝钢 入侵性质	高桥 日期(年-月-日)	高桥 平均氯度/(mg/L)	高桥 入侵性质
12 930	3.26	—	缺测	1983-12-26—1983-12-28	70	北支倒灌	1983-12-27—1983-12-30	54	北支倒灌
9 510	3.35	1984-01-22—1984-01-24	373	1984-01-24—1984-01-26	226	北支倒灌	1984-01-27—1984-01-29	135	北支倒灌
8 870	3.55	1984-02-21—1984-02-23	1 660*	1984-02-22—1984-02-24	779	北支倒灌	1984-02-25—1984-02-27	632	北支倒灌
9 600	2.88	1984-03-06—1984-03-08	700	1984-03-09—1984-03-11	107	北支倒灌	1984-03-12—1984-03-14	125	北支倒灌
9 100	3.84	1984-03-18—1984-03-20	3 869	1984-03-22—1984-03-24	1 905	北支倒灌	1984-03-24—1984-03-26	1 676	北支倒灌
11 820	3.26	1984-04-02—1984-04-04	2 136	1984-04-05—1984-04-07	512	北支倒灌	1984-04-06—1984-04-08	505	北支倒灌
9 800	3.32	1985-02-09—1985-02-11	1 754	1985-02-11—1985-02-13	416	北支倒灌	1985-02-14—1985-02-16	378	北支倒灌
9 000	2.72	—	缺测	1984-02-01—1984-02-18	≈10	无盐水入侵	1984-02-14—1984-02-16	428	外海(刮南风)
12 470	3.05	1984-12-11—1984-12-13	261	1984-12-13—1984-12-15	23	微弱的北支倒灌	1984-12-19—1984-12-21	114	外海(刮南风)
10 500	2.84	1985-01-23—1985-01-25	202	1985-01-28—1985-02-09	≈10	无盐水入侵	1985-02-04—1985-02-06	1 115	外海(刮南风)
21 530	3.94	1985-03-09—1985-03-11	327	1985-03-10—1985-03-12	34	微弱的北支倒灌	1985-03-11—1985-03-13	54	微弱的北支倒灌
23 270	3.85	1985-04-08—1985-04-10	537	1985-04-09—1985-04-11	41	微弱的北支倒灌	1985-04-11—1985-04-13	57	微弱的北支倒灌

注:2 月 20 日前缺测,平均值偏小。

差的 3 次方成正比。1984 年后的相关关系为：

$$CL_1 = 9\ 700\mathrm{e}^{-0.012\ 6\frac{Q}{\Delta H^3}} \tag{4-1}$$

1983 年洪季前的相关关系为：

$$CL_2 = 9\ 700\mathrm{e}^{-0.008\ 1\frac{Q}{\Delta H^3}} \tag{4-2}$$

式中　CL——北支倒灌水团经过宝钢时，最大 3 d 氯度的平均值，mg/L；

　　　　Q——大潮汛前一个星期，长江大通站流量的平均值，$\mathrm{m^3/s}$；

　　　　ΔH——青龙港站大潮汛期间 3 d 峰值潮差的平均值。

根据式(4-1)和式(4-2)可以预测上游流量和北支潮差变化对南支河段盐水入侵的影响。

应该指出，我们的分析是以 1984 年和 1985 年的枯季资料为依据的。事实上，北支倒灌的影响已经持续多年。图 4-10(a)为 1984 年 3 月青龙港站潮差、崇头和宝钢的日平均氯度变化过程线，崇头的氯度过程线与青龙港潮差变化过程线是相应的，当青龙港站潮差最大时，崇头出现最大含氯度。在崇头出现最大含氯度 3~5 d 后，宝钢附近氯度达最大值，这就是已经提到过的北支倒灌水团的运移方式。1979 年和 1980 年虽然没有测量崇头的含氯度资料，但是宝钢和老石洞的氯度变化过程与青龙港潮差的关系，与 1984 年资料非常相似(见图 4-10)，这证明当时南支河段氯度变化过程也是北支倒灌控制的。

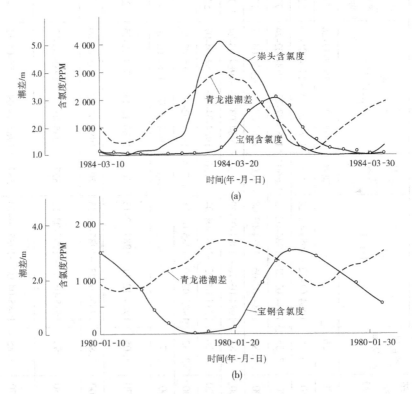

图 4-10　青龙港潮差与南支河段氯度的关系

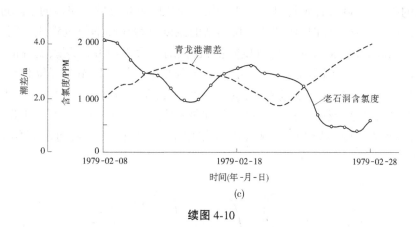

续图 4-10

以上分析表明,南支河段,尤其是南支河段的南岸地区,无论从南港还是从北港来的外海盐水直接入侵,影响可以忽略不计,它的主要盐水入侵源是北支倒灌。在通常情况下,倒灌水团是以过境的形式出现的。在 1979 年这样的长江特枯年,上游流量太小,一次小潮汛的上游来水量不足以排走倒灌水团,这样就出现第一次倒灌水团尚未完全排出南支河段,第二次倒灌水团又接踵而来[见图 4-10(c)],同时,因为上游流量小,下游方向来的盐水入侵也加强。在上、下游两个方向盐水入侵的作用下,出现特别严重的盐水入侵问题。

第 4 节 南北港

4.1 外海的盐水入侵

南北港盐水入侵的强度和先后次序随上游径流分配比和沿岸海流产生季节性变化。夏季,高温高盐的台湾暖流先后与南槽、北槽和北港的水流交汇。近年来实测资料也表明,洪季北港的分流比大于南港,上述两因素都有利于南港二槽的盐水入侵,因此夏季的盐水入侵南槽比北槽大,北槽又比北港大。首先,冬季,长江口为渤海南下的苏北沿岸流所控制,该股水流与南北港水流交汇的次序正好与夏季台湾暖流交汇的次序相反。其次,冬季长江径流量小,径流起的作用相对减弱,堡镇离口外 10 m 等深线的距离比高桥短得多,盐水入侵更为直接。再次,长江口冬季常风向为北风或偏北风,这种风向使南岸水位涌高,改变了横比降,减少了北港的分流量,上述三个因素都有利于枯季北港的盐水入侵,因此枯季北港的盐度大于南港两槽的盐度。

4.2 北支倒灌对南北港盐水入侵的影响

北支倒灌水团经南支进入南北港河段后,有不同的表现方式。南港地区盐水入侵强度比较弱,倒灌水团经南港时,高桥站盐度有一个明显的上升和下降过程。北港地区盐水入侵强度比南港大,倒灌水团经北港时,开始使堡镇站含盐度递增率加大,然后又形成一个盐度下降的过程(见图 4-9)。这个过程取决于外海盐水入侵状况,如果处于外海盐水入侵增强的阶段,下降过程很短;反之,则经历一个历时较长且较为明显的下降过程。

当外海盐水直接入侵时,堡镇和高桥两站的氯度过程线和潮位过程线之间有对应的关系,一般在高潮位后3~4 h出现氯度峰值,在低潮位后2~3 h出现氯度谷值。在北支倒灌的情况下,倒灌盐水团的运动和掺混过程十分复杂。从高桥站的潮位和氯度过程线来看,有这样一个趋势,在涨潮过程中,氯度变化不大,在落潮过程中,氯度有些升高,氯度过程线呈阶梯形递增,反映了盐水来自上游方向的特点。在北支倒灌时,北港堡镇站盐度仍然受外海盐水入侵的影响,在双重因素作用下,盐度和潮位之间没有明显的关系(见图4-11)。

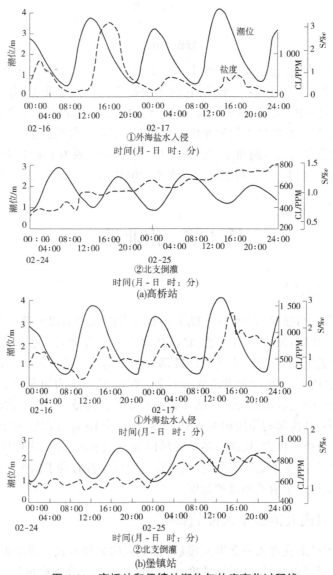

图4-11　高桥站和堡镇站潮位与盐度变化过程线

4.3 风速、风向对南北港盐水入侵的影响

长江河口位于亚热带季风气候区,风向季节性变化十分明显。夏季受西太平洋副热带高压影响,以偏南风为主;冬季受蒙古高压控制,以偏北风为主,尤以西北风为强。根据堡镇和高桥两站 1983 年 12 月至 1984 年 3 月和 1984 年 12 月至 1985 年 3 月两年的枯季资料统计,北风和偏北风占 70%以上,南风和偏南风仅占 17%左右,北风和偏北风出现的次数为南风或偏南风出现次数的 4 倍多,由此可见,长江口地区枯季常风向为北风或偏北风。

南北港上游端交汇口附近的南支河段,河面宽达 16 km。如此开阔的水面,在不同的风速、风向影响下,断面横比降必然发生变化,从而改变南北港的分流量,影响抵御盐水入侵的能力,堡镇和高桥的实测资料反映了这种情况。例如,1984 年 2 月 15 日和 3 月 23 日,风向是南风和东南风,风速为 2.6 m/s 和 3.7 m/s,在落急过程中流量减小,盐水入侵增强。1984 年 2 月、3 月和 4 月的几次南风和东南风,反映了它对南北港盐水入侵的影响。在对比堡镇和高桥 1984 年 2 月、3 月和 4 月逐日平均含氯度时发现,除 2 月 16 日、4 月 6—8 日,高桥的含氯度比堡镇稍大外,其余天数的含氯度都为堡镇大于高桥。高桥氯度大于堡镇的特殊情况是在南北港附近刮了 2 d 的南风和东南风以后才出现的。枯季南风向对盐水入侵的影响有两种表现方式,一是上述南港含氯度反过来大于北港,更多的是南北港之间的氯度差减小(如 2 月 11—12 日、24—25 日,3 月 11—13 日、23 日、29—31 日等)。枯季刮南风和东南风的机会不多,但南风和东南风会使南港含盐度升高,高盐水流贴近南岸。如果刮南风时,上游来水量又非常小,高盐水中,堡镇平均水位分别比高桥高 11 cm 和 10.2 cm。2 月 6 日和 3 月 20 日,风向为北风和西北风,平均风速为 5.1 m/s 和 3.9 m/s,落潮平均水位堡镇分别比高桥高 0.3 cm 和 2.2 cm,其典型例子见图 4-12。图 4-12 表明,刮北风时,堡镇和高桥落潮过程线基本重合。刮南风时,落潮水位堡镇明显比高桥高。上述资料说明,北风和西北风使南岸水位壅高,南风和偏南风则壅高北岸水位。南(北)岸水位壅高后,南北港分流量相应增加,分流量增加意味着抗御盐水入侵的动力增强。长江口盐水入侵最严重的季节是冬季和春初,在这个季节中,该地区的常风向为北风和西北风,这种风使南岸水位壅高,相应增加了南岸分流量,因此枯季南港的含盐度通常比北港小。

在刮南风和东南风时,南港水位降低,分流会对黄浦江,尤其是靠近口门的吴淞水厂产生严重的影响,这一点应该引起有关部门重视。

4.4 南北港盐水入侵综述

1983 年 12 月至 1985 年 4 月两个枯季,堡镇站共出现 7 次日平均氯度超过 500 mg/L 的盐水入侵过程。最短的持续时间为 3 d,最长的为 24 d,多数为 10 d 左右,两年中共有 81 d 平均氯度超过 500 mg/L。在 7 次盐水入侵过程中,6 次出现过日平均氯度大于 2 000 mg/L,最大日平均氯度高达 5 000 mg/L。堡镇站氯度资料表明,除北支外,北港是长江口地区盐水入侵最严重的河段。

如上所述,北港含盐度高,是由它特殊的地理位置决定的。北港的高氯度对临近地区的影响如何? 这是一个需要回答的问题。在北港 7 次盐水入侵过程中,其中 4 次南港高

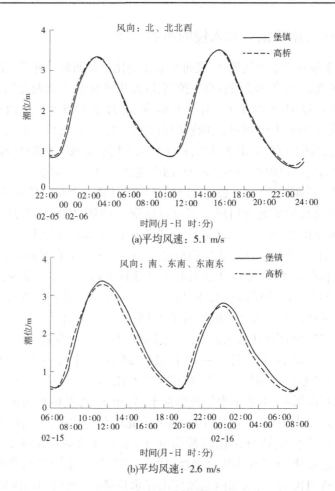

图 4-12　堡镇与高桥潮位过程线

桥站含盐度很小;2 次为明显的北支倒灌水团过境,只有 1985 年 2 月上旬南港的盐水入侵过程基本上与北港同步,也没有明显受北港影响的迹象。由此看来,北港的盐水入侵对南港影响不大。如上所述,北港的高氯度对南支河段南岸宝钢和杨林等地没有什么影响。因此,北港高氯度的影响范围是有限的。

1983—1985 年两个枯季,高桥站出现过 9 次含氯度超过 100 mg/L 的盐水入侵过程(见表 4-3),其中 6 次盐水入侵过程比崇头和宝钢站迟后,且在落潮过程中,含氯度增加,崇明盐水来自上游方向,也就是北支倒灌引起的。根据潮汐和氯度变化过程分析,高桥站其余 3 次是外海盐水直接入侵。北支倒灌引起的高桥站最大日平均氯度为 1 800 mg/L,入侵过程中连续 3 d 的最大平均氯度为 1 676 mg/L。外海盐水直接入侵时,高桥站最大日平均氯度为 1 329 mg/L,连续 3 d 的最大平均氯度为 1 115 mg/L,就 1983—1985 年这两年枯季来说,无论从盐水入侵的次数,还是从含盐度的大小来看,高桥站盐水入侵以北支倒灌为主,外海盐水直接入侵次之。应该指出,高桥站外海盐水直接入侵时,含盐度比较大的两次都是在刮了南风和东南风后引起的。

第 5 节　结　语

（1）长江口以南槽、北槽、北港和北支四汊形式入海，各汊道的水流、潮汐和断面形态特性各不相同，盐水入侵方式非常复杂。

（2）北支河槽宽浅，潮波变形剧烈，枯季常为盐水所控制，是长江口盐水入侵最严重的汊道。在特定的枯水大潮组合情况下，向南支倒灌大量盐水，对长江口南支和南港河段的影响比较大。

（3）北港受外海盐水直接入侵的影响，枯季的含氯度很高。除北支外，北港是长江口地区盐水入侵最严重的河段。北港的高盐度除了对新桥水道有些影响，对南支和南港的影响非常有限。

（4）南支河段的主要盐水入侵来源是北支倒灌，南北港外海盐水直接入侵对它的影响非常小。南支河段盐水入侵强度与长江上游流量的一次方成反比，与北支潮差的 3 次方成正比。

（5）南港有北支倒灌和外海盐水直接入侵两个来源。南港上段高桥站的资料表明，以北支倒灌为主，外海盐水直接入侵次之。

参考资料

［1］韩乃斌，卢中一. 长江口北支演变及治理的探讨［J］. 人民长江，1984(3).
［2］韩乃斌，卢中一. 长江口盐水入侵及减轻南水北调对它影响的意见［R］. 南京：南京水利科学研究院，1986.

第 5 章　吴淞口氯度相关分析[❶]

第 1 节　概　述

　　黄浦江是太湖流域骨干排水河道,汇流面积为 36 500 km²,上游水源受到流域内湖泊及河网的调节,属典型的湖源型海相潮河道。黄浦江上游有三条支流汇入并与太湖流域水网湖荡相连接,自米市渡至吴淞口的干流称为黄浦江,全长 84 km,贯穿整个上海市区。

　　由于受污染和盐水入侵的影响,近年来黄浦江水质日趋恶化,给工农业生产和人民生活带来很大的影响。现在上海市各界对黄浦江水质现状和变化规律都极为关心。南京水利科学研究院受水电部华东勘测设计院上海分院的委托,研究黄浦江口门吴淞口的氯度变化规律。本项工作是在上海分院密切配合下进行的,分院的徐建录等同志协助整理了部分资料,在此表示衷心的感谢。

第 2 节　黄浦江盐水入侵的概况

　　黄浦江在长江口南北港分汊口附近注入长江,口门距长江入海口 40 多 km,距长江口南北支交汇口约 54 km。以往的分析表明,长江口南支和南北港河段有两个盐水入侵源,即从长江入海口来的外海盐水入侵和北支倒灌后过境的水体。南支宝钢水库以上河段仅受北支倒灌的影响,宝钢水库以下河段开始受到上下游两个方向盐水入侵的影响。现有的资料表明,南支南岸直至南港高桥附近,以北支倒灌盐水过境为主。黄浦江口门在南支和南北港交汇口附近,主要的盐水入侵源仍然是随着涨潮流进入黄浦江的北支倒灌过境水体中的盐水。

　　黄浦江口门附近的长江水体中的氯离子主要是由北支倒灌而成的。因此,吴淞口附近盐水入侵具有倒灌水体的特点,北支倒灌是有一定条件的。在北支倒灌比较严重的 20 世纪 70 年代,长江上游大通站的流量小于 30 000 m³/s,青龙港站的潮差大于 2.5 m 才可能出现倒灌情况。近年来北支倒灌有所减轻,在现有情况下,长江上游流量要小于 25 000 m³/s,青龙港站的潮差要大于 2.8 m 才会倒灌。因而北支倒灌是在长江口上游流量小、北支潮差大的情况下出现的。枯水大汛期北支倒灌最严重。北支高盐度水体倒灌到南河段后,一方面和南支水体掺混,盐度峰值降低,另一方面在上游流量挟带下,逐渐向下游运移出海。倒灌水团和南支河段的掺混水体从崇头到达吴淞口附近需要 6 d 左右,崇头附近大汛时含盐度最高,6 d 左右到达吴淞口附近,已经是小汛了。因而在一般情况下,吴淞口附近小汛时含盐度大,大汛时盐度小。只有在外海盐水入侵为主时,高盐度才可能出

　　❶　本章由韩乃斌、姬昌辉编写。

现在平汛或大汛附近。

表 5-1 列举了 1984 年和 1985 年两年宝钢水库、吴淞口和高桥三站出现的含氯度超过 100 mg/L 的盐水入侵过程。表 5-1 中含氯度采用连续 3 d 日平均含氯度的最大平均值,表 5-1 的资料证明了上面的论述。两年中,宝钢出现过 6 次盐水入侵过程,全部由北支倒灌引起;吴淞口出现的 8 次盐水入侵过程,6 次是北支倒灌,2 次是外海盐水入侵;高桥站有 9 次盐水入侵过程,6 次是北支倒灌,3 次是外海盐水入侵。从时间上看,由北支倒灌引起的盐水入侵,先经宝钢,后经吴淞口、高桥流向外海。外海盐水直接入侵,下游站经历的次数比上游站多,最上游的宝钢水库站已经不再受外海盐水直接入侵的影响。在经历北支倒灌时,过境水含氯度的沿程变化比较小,一般情况下,上游站的含氯度比下游站稍高些。吴淞口站的含氯度比上下游低得多,这是受黄浦江水稀释引起的,括号中列举了涨潮期间三小时最大,氯度的平均值,该值与高桥站的氯度颇为接近。而在外海盐水直接入侵时,从下游向上游递减得比较快。

表 5-1　1984 年和 1985 年两年宝钢水库、吴淞口和高桥三站出现的含氯度超过 100 mg/L 的盐水入侵过程

日期(年-月-日)	宝钢水库含氯度/(mg/L)	日期(年-月-日)	吴淞口含氯度/(mg/L)	日期(年-月-日)	高桥含氯度/(mg/L)	入侵性质
1984-01-24—1984-01-26	226	1984-01-26—1984-01-28	58(108)	1984-01-27—1984-01-29	135	北支倒灌
1984-02-22—1984-02-24	779	1984-02-23—1984-02-25	158(428)	1984-02-25—1984-02-27	632	北支倒灌
1984-03-09—1984-03-11	107	1984-03-12—1984-03-14	75(118)	1984-03-12—1984-03-14	125	北支倒灌
1984-03-22—1984-03-24	1 905	1984-03-22—1984-03-24	741(1 670)	1984-03-24—1984-03-26	1 676	北支倒灌
1985-04-05—1985-04-07	512	1985-04-06—1985-04-08	195(343)	1985-04-06—1985-04-08	505	北支倒灌
1985-02-11—1985-02-13	416	1985-02-14—1985-02-16	202(373)	1985-02-14—1985-02-16	378	北支倒灌
1984-02-01—1984-02-18	≈10	1984-02-14—1984-02-16	80(236)	1984-02-14—1984-02-16	428	外海盐水直接入侵
1985-01-18—1985-01-29	≈10	1985-02-04—1985-02-06	360(861)	1985-02-04—1985-02-06	1115	外海盐水直接入侵
1984-12-15—1984-12-22	≈10	1984-12-19—1984-12-21	48(55)	1984-12-19—1984-12-21	114	外海盐水直接入侵

应该指出,表 5-1 列举的 1984—1985 年的资料代表北支倒灌已经有所减轻的情况。20 世纪 70 年代和 80 年代初,北支倒灌比较严重,北支倒灌与外海盐水入侵的比率更高一些,统计 1974—1985 年 11 年的吴淞口 100 多次盐水入侵过程,其中,外海盐水造成的入侵过程仅为 10 次左右,约占总盐水入侵过程的 1/10,即吴淞口平均每年有 1 次由外海盐水造成的入侵过程。

在 1979 年这样的特殊枯水年,长江口南支河段沿岸的浏河、扬林、七甫等支汊开闸大

量抽引江水,当时适值闸外长江水含盐度很高,抽引的高氯水体引起内河水道体系的盐水污染,从长江引入的盐水沿浏河经太仓、昆山,由青阳港、夏驾河入吴淞江,再经茜墩港到淀山湖,使淀山湖的氯化物普遍升高,湖的北端氯化物最高达 254 mg/L。入侵到内河和湖泊的含盐水流滞留和稀释的过程比较长,且大部分含盐水流需经黄浦江排出去,使黄浦江上游闵行和长桥等水厂的咸潮影响持续到 6—7 月。当然,这种经黄浦江上游下泄的盐水入侵毕竟是非常少见的。黄浦江中入侵的盐水主要还是从口门进来的。

第 3 节　吴淞口氯度变化相关分析

吴淞口是黄浦江的口门,掌握吴淞口氯度变化规律,在减少高氯度对工农业生产和人民生活的影响等方面有一定的意义,同时也可由此预测南水北调等工程措施对吴淞口氯度的影响,因此早在 70 年代末和 80 年代初,先后有很多单位开展黄浦江和吴淞口氯度变化的分析研究工作,取得了一些成果,解决了生产上提出的某些问题,但当时限于资料系列短,又缺乏长江口地区大面积的同步测量资料,对吴淞口氯度变化规律的认识还不够全面,如北支倒灌这样的重要因素,在相关分析中尚未考虑进去,当时所掌握的 70 年代资料均代表北支倒灌比较严重的情况,这一因素在各年的氯度变化中所取的作用相似,因而尚能得到可以认可的成果。近年来,北支倒灌趋向缓和,北支倒灌对吴淞口盐水入侵的影响与 70 年代有明显的差别。本节根据近年来探索的长江口地区的氯度变化规律和大量的新资料,更加全面地研究吴淞口氯度变化规律。为此,从吴淞口每次盐水入侵过程的平均氯度、月最大氯度和每个枯季吴淞口含盐度大于 200 mg/L 的小时数等三方面研究其变化规律。吴淞口受外海盐水直接入侵的影响只占整个盐水入侵过程的 1/10,同时在量值上也比北支倒灌水体过境造成的盐水入侵小,加上目前对外海盐水直接入侵的规律尚未很好掌握,因此下面的相关分析都是从北支倒灌过境水体造成的盐水入侵这个角度出发的。

3.1　吴淞口的平均氯度

吴淞口的平均氯度是连续 3 d 的高氯度的平均值,即每天取连续 3 h 的最大含氯度,选定连续 3 d 9 个值之和的平均值即为吴淞口的平均氯度。吴淞口的平均氯度可以代表黄浦江口门每次盐水入侵过程的入侵强度,掌握该值的变化规律,可以预测将要到来的严重的盐水入侵过程,因而事先可采取一定的避让措施。

本章主要考虑北支倒灌过境水体造成的盐水入侵过程,它和造成宝钢水库前沿的盐水入侵过程是相似的(仍可假定与上游大通站的流量的一次方成反比,与青龙港大潮期的平均潮差的 3 次方成正比。近年来,北支倒灌强度有所减轻,在上游流量和北支潮差相同的情况下,倒灌过境水体中的氯离子值降低,反映了河床地形变化对水流的影响。在吴淞口平均氯度的相关公式中必须考虑这个出现因素,公式中最好采用北支上段地形变化来反映北支倒灌强度,但北支河段两次地形测量之间的时间间隔一般要在 3~5 年,时间间隔太长,难于在公式中应用,只能寻找其他与北支倒灌有关的替代因素。本章采用北支口门附近东经 120°05′以下 10 m 等深线长度 L 来表达北支倒灌强度(见表 5-2)。应该指出,L 的长短并不完全取决于北支倒灌的强弱。事实上,上游河段的河床演变也对 L 的伸长和缩短有很大的影响。考虑到 10 m 等深线下延后,在北支口门附近形成明显的弯道,由于弯道环流的影响,弯道凹岸一侧水位升高,有利于南北支比降向北支,增加北支的分流量,因而在某种程度上,L 的长短反映了北支倒灌的强弱。将吴淞口的平均氯度 $\overline{CL_{吴}}$ 与 $L^{0.4}\dfrac{Q}{\overline{\Delta H^3}}$,点绘相关曲线见图 5-1,得到如下的相关公式:

$$\overline{CL_{吴}} = 8\,000\exp\left(-0.004\,08L^{0.4}\frac{Q}{\overline{\Delta H^3}}\right) \tag{5-1}$$

式中　$\overline{CL_{吴}}$——吴淞口的平均氯度,mg/L(见本节定义)。

　　　L——北支口门附近东经 121°05′以下 10 m 等深线长度,km,见表 5-2;

　　　Q——大潮汛前一个星期,长江上游流量的平均值,m³/s;

　　　$\overline{\Delta H^3}$——青龙港站大潮汛期间 3 d 峰值涨潮差的平均值,m。

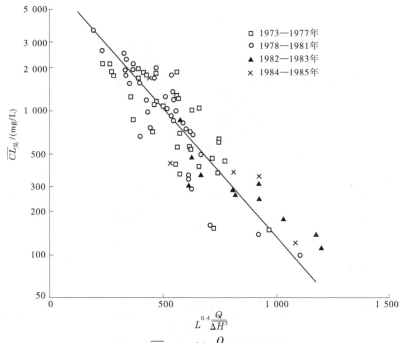

图 5-1　$\overline{CL_{吴}}$ 与 $L^{0.4}\dfrac{Q}{\overline{\Delta H^3}}$ 的关系曲线

表 5-2　北支口门附近东经 121°05′以下 10 m 等深线长度

年份	1974	1975	1976	1977	1978	1979
东经 121°05′以下 10 m 等深线长度/km	3	4	4.7	4.5	3.2	3.9
年份	1980	1981	1982	1983	1984	1985
东经 121°05′以下 10 m 等深线长度/km	4.7	7	10.7	11	12	15.8

3.2　吴淞口的月最大含氯度

吴淞口每月出现的最大含氯度的相关公式与上述平均氯度的相关公式在形式上应该是相似的,点绘 CL_m 与 $L^{0.4}\dfrac{Q_月}{\Delta H_m^3}$ 的相关曲线见图5-2,得到下列相关公式:

$$CL_m = 8\ 600\exp(-0.003\ 96L^{0.4}\frac{Q_月}{\Delta H_m^3}) \tag{5-2}$$

式中　CL_m——吴淞口每月出现的最大含氯度,mg/L;

　　　$Q_月$——长江大通站当月平均流量,m^3/s;

　　　$\overline{\Delta H_m}$——当月青龙港站最大的连续 3 d 涨潮差平均值,m;

　　　其他符号意义同前。

式(5-2)的单相关系数 γ 为 0.93。

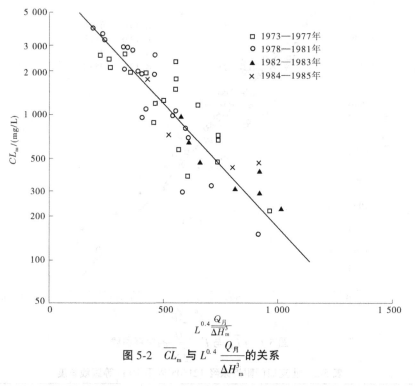

图 5-2　$\overline{CL_m}$ 与 $L^{0.4}\dfrac{Q_月}{\Delta H_m^3}$ 的关系

3.3　吴淞口枯季氯离子大于 200 mg/L 的小时数

吴淞口每个枯季出现的氯离子大于 200 mg/L 的小时数,除与长江上游流量、青龙港潮差和代表北支倒灌程度的 L 有关外,必然与小流量的出现概率有关。本章为方便起见,仍采用大通站每年小于 14 000 m^3/s 的天数 D 作为小流量的出现概率。将吴淞口枯季氯离子大于 200 mg/L 的小时数 T_n 与 $\dfrac{D\overline{\Delta H}\,\overline{Q}}{L^{0.4}\overline{q}}$ 点绘相关曲线,见图 5-3,得到如下的相关公式:

$$T_n = 0.024\left(\frac{D\overline{\Delta H}\,\overline{Q}}{L^{0.4}\overline{q}}\right)^{1.76} \tag{5-3}$$

式中　T_n——每个枯季吴淞口氯离子大于 200 mg/L 的小时数;

　　　　D——大通站每个枯季流量小于 14 000 m³/s 的天数;

　　　　$\overline{\Delta H}$——每年 1—4 月大潮汛的平均潮差(每个大潮汛取 6 个涨潮差),m;

　　　　$\overline{Q}$——多年平均流量,取用 30 000 m³/s;

　　　　$\overline{q}$——每年 1—4 月的平均流量,m³/s;

　　　　其他符号意义同前。

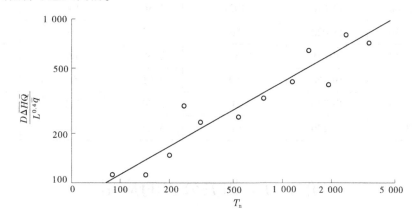

图 5-3　T_n 与 $\dfrac{D\overline{\Delta H}\,\overline{Q}}{L^{0.4}\overline{q}}$ 的关系曲线

　　式(5-3)的相关系数为 0.87,式(5-3)的计算表见表 5-3。

　　表 5-3 显示 20 世纪 70 年代至 80 年代初,吴淞口氯离子大于 200 mg/L 的持续时间约比最近几年高出一个数量级,70 年代长江上游流量相对来说比近几年小一些,而北支的潮差又大一些,这是 70 年代盐水入侵比较严重的原因之一。应该指出,即使两个时期中某两年上游流量和北支潮差均相近,吴淞口含氯度大于 200 mg/L 的持续时间也有很大差别。例如,1977 年春,青龙港的平均大潮差为 3.20 m,长江上游平均流量为 14 340 m³/s,吴淞口的 T_n 为 1 118 h,1984 年,青龙港的潮差为 3.29 m,长江上游流量为 13 740 m³/s,T_n 为 249 h,1977 年和 1984 年两年的水文条件非常近似,但 1977 年的 T_n 约为 1984 年 T_n 的 4.5 倍。1975 年和 1982 年相比,也有类似的情况。表 5-3 的资料证实在水文条件相似的情况下,近几年吴淞口的盐水入侵持续时间比 70 年代大为减少,这是北支倒灌趋向缓和造成的。

表 5-3　20 世纪 70 年代至 80 年代初水文条件

年份	青龙港潮差 $\overline{\Delta H}$/m	大通站平均流量 $\overline{q}$/(m³/s)	每年枯季吴淞口含氯度大于 200 mg/L 的小时数 T_n	$L^{0.4}$/km	每年大通站流量小于 14 000 m³/s 的天数	$\dfrac{D\overline{\Delta H}\;\overline{Q}}{L^{0.4}\overline{q}}$
1974	3.71	11 480	2 409	1.55	128	805
1975	3.41	16 720	767	1.74	92	323
1976	3.28	15 390	524	1.86	74	256
1977	3.20	14 340	1 118	1.83	114	415
1978	3.52	11 930	1 410	1.59	116	642
1979	3.57	10 030	3 484	1.72	112	705
1980	3.40	14 610	1921	1.86	106	398
1981	3.30	18 020	310	2.18	93	235
1982	3.47	1 620	201	2.58	60	149
1983	3.38	19 450	89	2.61	55	110
1984	3.29	13 740	249	2.70	111	294
1985	3.24	19 220	142	3.02	66	110

第 4 节　相关公式的应用

4.1　吴淞口盐水入侵过程的预报

位于黄浦江口门的吴淞水厂负责供应吴淞区很多工厂的工业用水和人民生活用水,如果事先知道即将到来的严重的盐水入侵过程,可以减少很多损失。利用相关公式(5-1)即可预报这样的盐水入侵过程。例如,长江大通站流量已经稳定在 7 000 m³/s 左右,根据预报,青龙港站即将出现 3.95 m 潮差,利用公式(5-1)得:

$$\overline{CL}_{吴} = 8\,000\exp\left(-0.004\,08L^{0.4}\frac{Q}{\Delta H_m^3}\right)$$

$$= 8\,000\exp(-1.4) = 1\,973\ \text{mg/L}$$

在这种水文条件下,上游调走 600 m³/s 流量,则 $\overline{CL}_{吴}$ 为 2 225 mg/L,比调水前增加 12.8%。如果上述水文条件出现在 1979 年这样北支倒灌比较严重的年份,则 $\overline{CL}_{吴}$ 为 3 604 mg/L。上述高氯度的出现时间约在预测的大潮汛后 7 d 左右,即出现在吴淞口小潮汛期间。

4.2　吴淞口的月最大含氯度

采用历史上出现过的最有利于北支倒灌的水文条件,即长江大通站月平均流量为

6 730 m³/s,青龙港站大汛平均潮差为 3.95 m,采用 1985 年的 L 为 15.8 km 的条件,则:

$$CL_m = 8\,600\exp\left(-0.003\,96L^{0.4}\frac{\overline{Q}_月}{\Delta H^3{}_m}\right)$$

$$= 8\,600\exp(-1.306) = 2\,330 \text{ mg/L}$$

在这种情况下,长江上游流量调走 600 m³/s,吴淞口的最大含氯度增加为 2 618 mg/L,比调水前增加 12.4%。如果上述水文条件出现在北支倒灌比较严重的年份,则吴淞口月最大含氯度 CL_m 为 4 088 mg/L。

4.3　吴淞口盐水入侵历时的计算

(1)在多年平均的条件下:

青龙港大汛平均潮差 $\overline{\Delta H}$ = 3.40 m,大通站平均流量 $\overline{q}$ = 15 100 m³/s,大通站流量小于 14 000 m³/s 的天数为 94 d,经计算,枯季吴淞口大于 200 mg/L 的小时数 T_n 等于 294 h,如果上游流量调走 600 m³/s,则 D 增加为 100 d,$\overline{q}$ 减小为 14 500 m³/s,经计算,T_n 等于 352 h,比调水前增加 20%。

(2)在长江上游小流量和青龙港大潮差等不利因素相遇的情况下采用:

青龙港大汛平均潮差 $\overline{\Delta H}$ = 3.71 m,大通站平均流量 q = 10 030 m³/s,大通站流量小于 14 000 m³/s 的天数 128 d,经计算,枯季吴淞口大于 200 mg/L 的小时数 T_n 为 1 212 h,如果长江上游调走 600 m³/s 流量,调水后 $\overline{q}$ 等于 9 430 m³/s,D 等于 138 d,经计算,调水后的 T_n 为 1 543 h,比调水前增加 27%。如果这种水文条件出现在北支倒灌比较严重的年份,则按公式计算,T_n 可高达 3 265 h,即与 1979 年出现的情况相似。

这里顺便指出,在有关吴淞口含氯度的三个相关公式中,由于相关因子的侧重点不同,公式中使用的大通站流量 Q 和青龙港站潮差 ΔH,统计的时段均有差别,在应用这些公式时要特别注意,以免误用。

第 5 节　结　语

(1)黄浦江口门位于南支和南北港交汇口附近,长江口该河段有两个盐水入侵源,即北支倒灌后过境水体和外海盐水直接入侵,目前以北支倒灌过境水体为主。

(2)本章从北支倒灌过境水体的角度出发,通过 10 多年实测资料的统计分析,获得了吴淞口平均氯度,吴淞口每月出现的最大氯度为每年枯季含氯度大于 200 mg/L 的历时等三个相关公式。

(3)利用本章获得的三个相关公式可以预测吴淞口由北支倒灌引起的盐水入侵过程、吴淞口每月出现的最大含氯度,并可计算吴淞口每年含氯度大于 200 mg/L 的历时,利用上述公式还可预测上游调水等工程措施对吴淞口盐水入侵的影响。

(4)近年来,由于水文和地形条件的变化,长江口北支倒灌有所减轻,外海盐水直接入侵在吴淞口盐水入侵过程中所占的比例相对增加。如果北支的分流量继续增加,北支倒灌将进一步减轻,外海盐水入侵所占的比重还会增加。现有的资料表明,在长江枯水季节(大通站流量小于 15 000 m³/s),遇到连续几天强劲的偏南风,长江口南港河段就有可能出现比较严重的外海盐水直接入侵,对外海盐水直接入侵的其他变化规律,目前所知甚少,今后积累更多的实测资料,掌握它的变化规律是非常必要的。

参考资料

[1] 韩乃斌,卢中一. 长江口分汊水道盐水入侵的特性[R]. 南京:南京水利科学研究院,1986.

[2] 韩乃斌,卢中一. 长江口北支演变及治理的探讨[J]. 人民长江,1984(3).

[3] 韩乃斌,卢中一. 长江口盐水入侵及减轻南水北调对它影响的意见[R]. 南京:南京水利科学研究院,1986.

[4] 沈焕庭,茅志昌,谷国传,等. 长江口盐水入侵的初步研究——兼谈南水北调[J]. 人民长江,1980(3).

[5] 韩乃斌,等. 南水北调对长江口盐水入侵的影响[R],南京:南京水利科学研究所,1978.

[6] 奚正伦. 长江口与黄浦江咸潮入侵分析[R]. 上海:上海市水利局规划设计室,1981.

第 6 章　长江口盐水入侵分析[❶]

第 1 节　概　述

长江口是我国最大的港口——上海港的门户,在实现四个现代化的进程中起着十分重要的作用。长江口和海洋衔接,外海高盐度海水势必随潮向河口侵入影响工农业生产,因而,盐水入侵问题是沿海工农业发展中存在的一个极为重要的问题。

盐水入侵使水质恶化,直接影响上海市工业和生活用水。在 1978 年冬到 1979 年春的枯水期,盐水入侵加剧。上海市纤维、印染、医药、食品、化工等行业受到严重影响。产品所消耗的原材料增加,质量下降,一些出口商品不得不转为内销。据不完全统计,仅工业部门的损失,就达 1 000 万元以上。在生活用水方面,患有心脏病和肾脏病的病人,饮用超过含氯离子标准的自来水,会对身体健康产生不良后果。

盐水入侵对农业用水也有影响,盐度较高的灌溉用水会妨碍植物生长并破坏土壤结构。1979 年春,由于缺少育秧用的淡水,上海市崇明等地,不得不压缩早稻的种植面积,改种玉米等旱作物。

盐水入侵和盐淡水的混合程度,是决定河口生态学、水力学和淤积形态的一个重要因素。它是从事环境保护、水产及航道治理的工程技术人员极为关心的一项科学技术问题。

本章试图通过实测资料的分析,研究长江口的盐度分布及其变化规律,并预测采取南水北调和浚深航道等工程措施后,盐水入侵的变化趋势。

第 2 节　长江口自然概况

长江是我国第一大河,长达 6 300 km。径流量大,潮流也强,潮波上溯可达海口以上640 km 的大通附近。长江口从南汇嘴到苏北嘴宽达 90 km,水域极为辽阔,水文特性和河床演变都很复杂。图 6-1 为长江口示意。河口盐水入侵与径流量大小、潮汐强弱、河道深浅、咸淡水密度差和风浪等各种因子有关。为了阐明长江口盐水入侵情况,有必要对长江口基本水文情况,作一概略介绍。

2.1　径流

长江在 4—5 月开始涨水,洪峰流量一般出现在 6 月、7 月、8 月三个月,以后水位逐渐下降,至次年 1 月、2 月出现最枯流量。上游径流特性可用潮区界以上大通站的流量作为代表。其特征值见表 6-1。

---

❶　本章由韩乃斌编写。

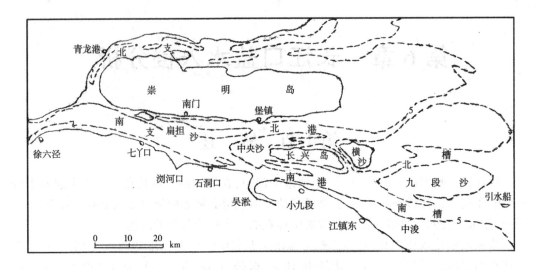

图 6-1　长江口示意

表 6-1　长江大通站径流特征值表　　　　　　　　　单位:m³/s

	洪峰流量	枯水流量	年平均流量	变幅
最大值	92 600 (1954-08)	10 700 (1950-12)	43 100 (1954)	9.70 (1923)
最小值	39 400 (1972-06)	5970 (1979-02)	21 400 (1978)	4.72 (1950)
多年平均值	57 800	7 900	29 200	7.32

注:括号中为特征值出现时间(年-月)。

由表 6-1 可知,长江多年平均流量为 29 200 m³/s,实测最大洪峰流量与最小枯水流量的比值为 15.5,一般年份变幅在 7 倍左右,大通站多年平均径流月度分配见表 6-2。

由表 6-2 可知,5—10 月洪季的 6 个月径流量占全年的 70% 以上,枯季 6 个月只占全年径流量的 28.5%。

表 6-2　大通站多年平均径流月度分配

月份	1	2	3	4	5	6	7	8	9	10	11	12
径流量	10 300	11 280	14 640	23 580	36 400	41 700	49 700	45 000	41 300	35 580	25 250	14 150
占全年百分比	2.95	3.22	4.19	6.76	10.42	11.92	14.22	12.88	11.32	10.16	7.24	4.22

2.2 潮汐

长江河口的潮汐属于正规的半日周潮,以 M_2 半日分潮为主,S_2 次之,平均一涨一落为 12 小时 25 分。口外绿华山等地的潮汐曲线是近似正弦曲线的海洋潮型。潮波进入长江口以后逐渐变形,涨潮历时缩短,落潮历时增加,盐水入侵地区各站平均涨落潮历时和潮差见表 6-3。

表 6-3 长江口沿程各站涨落潮历时和潮差

多年平均值	淞河	吴淞口	堡镇	横沙	中浚	绿华山
涨潮历时	4 h 16 m	4 h 33 m	4 h 32 m	4 h 44 m	4 h 57 m	6 m 18 s
落潮历时	8 h 24 m	7 h 52 m	7 h 53 m	7 h 33 m	7 h 28 m	6 m 7 s
潮差		2.26 m	2.41 s	2.61 s	2.66 s	2.57 s

注:h 为小时,m 为分钟,s 为秒钟,均为简写。

口门处中浚站最大潮差 4.62 m,最小潮差 0.17 m,多年平均潮差 2.66 m。

长江口潮区界一般在南京—安徽的大通之间。枯水大潮时,潮流可达芜湖附近。相当于多年平均流量时,潮流界在镇江—徐六泾之间变动,一般年份则在江阴附近。洪水小潮期间,潮流界可以推至横沙以下,1973 年洪季,长江口门处的北槽曾实测到全潮都是落潮流。

长江口涨潮的潮流量,洪季大潮为 53 亿 m^3,洪季小潮为 16 亿 m^3;枯季大潮为 39 亿 m^3,枯季小潮为 13 亿 m^3。洪季大潮实测全潮平均流速为 0.8～1.3 m/s,最大流速为 1.7～2.5 m/s。

2.3 口外盐度

根据全国海洋普查资料,长江口外面层 30‰ 的含盐度,洪季可以延伸到东经 125° 以东,枯季在东经 122°30′ 附近(见图 6-2)。由此可见,长江口外受径流和大洋海流的影响,面层 30‰ 等盐度线变化范围可达 300 km 以上。

2.4 风

夏秋常风向为东南风,冬季常风向为西北风。横沙站 4 级风以上占全年 68%,6 级风以上占全年 13%。

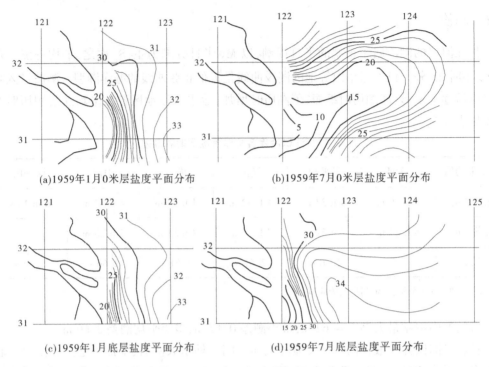

(a)1959年1月0米层盐度平面分布　　　　(b)1959年7月0米层盐度平面分布

(c)1959年1月底层盐度平面分布　　　　(d)1959年7月底层盐度平面分布

图 6-2　长江口外洪枯季盐度平面分布

第 3 节　长江口地区盐水入侵的情况

3.1　盐水入侵的形式

如上所述,长江口径流最大变幅可达 15 倍,年内变幅一般在 7 倍左右。潮差最大变幅可达 28 倍,月内变幅在 10 倍左右。在不同径流和潮差组合情况下,由于混合程度不同,可以出现不同的盐水入侵形式。

根据以往的资料分析,枯季大潮盐淡水混合比较强烈,竖向盐度差较小,属于强混合型,其盐水入侵的纵剖面见图 6-3。

在大洪水排洪期间,遇上特别小的潮差,盐淡水混合接近于高度分层型。例如,1962年 7 月,大通站流量为 68 000 m^3/s 左右,小潮期间,引水船地区表底层含盐度差经常保持在 20‰~25‰,除相对水深 0.4~0.6 含盐度有一突变,这种盐淡水混合状态,已属于高度分层型。

在洪枯水的其他情况下,等盐度线以楔状伸向上游,5‰等盐度线的坡降约为 1‰左右,这种混合状况属于缓混合型,其典型的含盐度纵剖面见图 6-4。据估计,洪季出现缓混合型的概率在 75%以上,枯季出现概率在 50%左右,全年出现缓混合型的概率在 60%~70%。

在盐水入侵地区,底部密度梯度大于表层密度梯度,流速分布不再是正常的对数流速

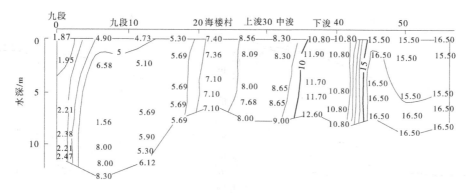

图 6-3　长江口强混合型盐度纵剖面

1960-02-15—1960-02-16　潮差 = 3.24 m　大通流量 = 7 800 m³/s

比例　水平 1:300 000　垂直 1:200

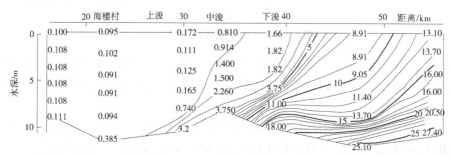

潮差 = 1.83 m　大通流量 = 39 900 m³/s　比例　水平 1:300 000　垂直 1:200

图 6-4　长江口缓混合型纵剖面

分布。落潮时,面流速显得特别大,底流速显得很小;涨潮时,面流速减小,近底流速加大,因此上游来的淡水主要从密度梯度小的面层排泄出去,而近底往往有高盐度的海水向上入侵,然后再由面层的淡水稀释后排到外海去。

3.2　长江口盐水入侵的平面分布

长江口有 4 个入海口门,北支经常有水量倒灌,实际上早已为盐水所控制。

南支三槽的盐水入侵情况与它们的径流分配比和大洋的海流有关。以 1978 年 8 月的水文测验为例,当时正值夏季,具有高温高盐的台湾暖流自南向北先后与南槽、北槽和北港的水流相交汇,测验期间,上游平均下泄的淡水流量为 23 200 m³/s,其中,北港占 67.2%,北槽占 38.3%,南槽占 −5.5%。从三槽纵向表底层盐度分布(见图 6-5)来看,南槽盐水入侵最强,北槽次之,北港最弱,盐水入侵完全与三槽径流分配比相应,与台湾暖流经过的先后次序相符。

由图 6-5 可以清楚地看到,由于淡水流量的作用,落憩时表底层盐度差大于涨憩时的盐度差。从沿程来看,口外高盐区和盐水入侵上游端的低盐区,表底层盐度差都比较小。即使水文测验期间上游流量只有 23 200 m³/s,高盐区和低盐区之间(盐水入侵区的中段)

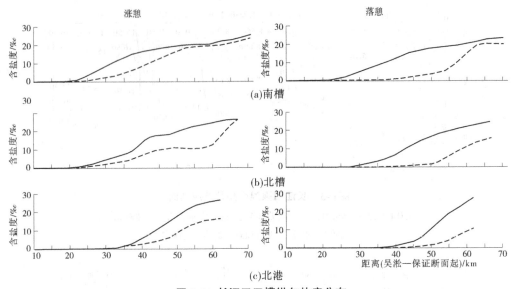

图 6-5　长江口三槽纵向盐度分布

表面和河底的盐度差往往可以达到 10‰~15‰。北港口外表底层盐度差仍然比较大,是因为北港的径流分配比最大,盐水被强大的淡水推得比较远,现有测点还没有到达表底层盐度差较小的地点。

　　冬季,长江口为渤海南下的苏北沿岸流所控制。苏北沿岸流先后与北港口、北槽口、南槽口的水流交汇。因此,北港口盐度最大,北槽口次之,南槽口最小,恰好与夏季相反。口内的盐水入侵情况也证明了这一点,几乎在同一断面上的北港的堡镇与南港的吴淞相比,枯季堡镇的含盐度一般均大于吴淞的含盐度。

　　根据沿程各站可能收集到的实测资料,可以列出长江口地区各站表层最大和最小氯度统计表(见表 6-4)。

表 6-4　长江口地区各站表层最大和最小氯度统计

站名	最大值				最小氯度/PPM
	氯度/PPM	盐度/‰	出现时间(年-月)	统计年份	
引水船海洋站	17 890	32.36	1977-01	1962—1977	10
高桥	5 008	9.07	1972-02	1968—1978	10
吴淞水厂	3 950	7.12	1979-02	1973—1979	10
黄浦江闸北水厂	3 820	6.90	1979-02	1956—1979	10
石洞口	2 460	4.47		1968—1970 及 1976—1978	10
浏河口	1 592	2.90	1979-03	1976—1979	
堡镇	11 800	21.31	1978-02	1972—1978	7
南门	4 800	8.63	1972-02	1971—1978	6

从最大氯度来看,长江口盐水入侵已经相当严重。从最小氯度来看,整个长江口表层都可以为淡水所控制。盐水入侵的程度主要由上游的淡水流量所决定。

3.3　不同水文条件下,盐水入侵的沿程变化

盐水入侵沿程变化的特点是盐度由上游向下游逐渐增加,由于径流和潮流势力的相互消长,盐水入侵的范围是不断变化的。

图 6-6 为各种不同水文条件下,长江口南港南槽纵向垂线平均盐度分布。图上表明,枯水时,盐水上溯比洪水时远。以中浚上游 17 km 的横沙为长江两岸都有约束的口门,枯水落潮憩流 1‰的含盐度,涨潮憩流 5‰的含盐度可以上溯到口门以内。洪季落憩 1‰盐度、涨憩 5‰盐度均被推出口外。上游流量越小,盐水上溯距离越远。

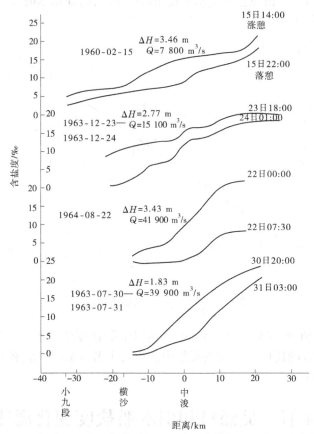

图 6-6　各种不同水文条件下长江口南港南槽纵向垂线平均盐度分布

众所周知,盐水入侵距离除与上游流量有关,还与潮差、河床阻力、口外盐度、河口水深、风浪等因素有关。在长江口情况下,假定与河床阻力、河口水深、风浪等因素有关。在长江口情况下,假定河床阻力、河口水深、风浪等因素变化不大。而潮差的因素有两方面作用:一方面,潮差减小,一般意味着低潮位抬高、上游河段容蓄量增加;潮差小,盐度分层也严重,因而有增加盐水入侵距离的趋势。另一方面,如果出现低潮位变化不大的情况,增加潮差意味着增加进潮量,也就是增加盐水入侵的距离。潮差加大以后究竟增加盐水

入侵,还是减少盐水入侵,要看具体情况而定。在没有搞清其变化规律之前,暂时先不考虑这个因素。

本章考虑盐水入侵距离主要与上游流量和口外盐度有关。点绘无尺度数 $\dfrac{S_引}{S_0} \times \dfrac{\overline{Q}}{Q_f}$ 与 $\dfrac{L_1}{L_0}$ 的关系,见图6-7。$S_引$ 为引水船月平均盐度,S_0 为长江口外表基本不变的盐度,本章定为30‰。$\overline{Q}$ 为长江多年平均流量,取用 29 200 m^3/s,Q_f 为相应时间上游来的淡水流量。L_1 为引水船起落憩 5‰ 的入侵长度,L_0 为引水船与吴淞口之间的距离。由图6-7可知,引水船盐度越大,上游流量越小,盐水入侵越严重。盐水入侵距离与 $\dfrac{S_引}{S_0} \times \dfrac{\overline{Q}}{Q_f}$ 成指数关系。这就是说,在大流量时,改变上游流量对盐水入侵距离影响不大;在枯水时,改变上游流量对盐水入侵的影响就比较大些。

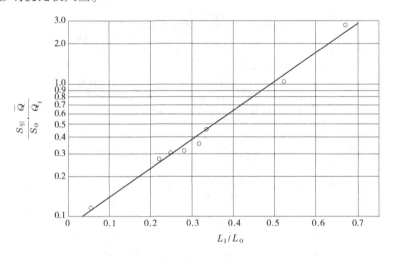

图 6-7　$\dfrac{S_引}{S_0} \cdot \dfrac{\overline{Q}}{Q_f} \sim \dfrac{L_1}{L_0}$ 的相关关系

当上游流量在 20 000~50 000 m^3/s 时,涨憩 1‰ 的盐度的位置主要集中在中浚上游 12 km 附近,涨憩 5‰ 的盐度的位置主要集中在中浚上游 5 km 附近,流量更小时,1‰ 和 5‰ 盐度都向上游推进。

第4节　吴淞口和引水船盐度变化规律

吴淞口和引水船已经分别积累了多年实测资料,根据这些资料,有可能研究盐度的时间变化规律。

4.1　吴淞口氯化物含量的变化规律

4.1.1　长江上游径流的影响

长江上游径流量的大小,影响吴淞口年内和多年的氯度变化。根据上海市自来水公司统计,吴淞水厂原水 1974—1977 年氯化物变化情况见表6-5。由表6-5可知,在长江洪

表 6-5　吴淞水厂原水 1974—1977 年氯化物变化情况

氯化物含量/PPM	1974年/PPM			1975年/PPM			1976年/PPM			1977年/PPM			平均出现概率/%		
	枯水	洪水	全年	枯水	洪水	全年	枯水	洪水	全年	枯水	洪水	全年	枯水	洪水	全年
100以下	930	4 288	5 178	2 871	4 328	7 199	3 309	4 210	7 519	2 672	4 344	7 016	60.56	98.48	80.22
100—200	509	144	653	311		311	316	60	376	428	48	476	9.68	1.45	5.41
200—300	439		439	115		115	181	13	194	174		174	5.63	0.07	2.75
300—400	312		312	118		118	133		133	226		226	4.88		2.35
400—500	296		296	121		121	62		62	159		159	3.95		1.90
500—600	195		195	97		97	24		24	118		118	2.69		1.29
600—700	196		196	62		62	25		25	75		75	2.22		1.07
700—800	165		165	82		82	22		22	67		67	2.08		1.00
800—900	128		128	13		13	12		12	54		54	1.28		0.62
900—1000	102		102	20		20	11		11	40		40	1.07		0.52
1 000—1 500	346		346	46		46	48		48	145		145	3.62		1.74
1 500—2 000	178		178	28		28	22		22	84		84	1.93		0.93
2 000—2 500	25		25							22		22	0.29		0.14
2 500—3 000	4		4							12		12	0.10		0.05
3 000—3 500										3		3	0.02		0.01
检测次数	3 825	4 392	3 884			8 212	4 165	4 283	8 448	4 279	4 392	8 671	100	100	100

水季节,吴淞水厂出现 100 PPM 以上的氯度约为 1.5% 左右,可见洪水时盐水入侵的影响不大。但在枯水季节,吴淞水厂大于 100 PPM 氯度可达到 40% 左右,500 PPM 以上的氯度出现的时间也达 15% 左右。

从多年来看,上游径流量越小,吴淞口盐水入侵越严重。1978 年冬到 1979 年春,大通站出现了创纪录的最小枯水流量,太湖流域也出现了 60 年一遇的干旱。长江在大通站以下不再有常年实测流量站,在太湖流域特别干旱的情况下,实际上大通站以下的流量,沿程是不断减少的。以 1978 年 8 月 6—9 日长江口水文测验为例,这段时间通过南、北港断面平均下泄的流量为 23 200 m³/s,而同期,大通站流量稳定在 28 600 m³/s,可见,大通站以下沿程减少的流量相当可观。由于这些原因,吴淞口出现了历史上最严重的盐水入侵,枯季 100 PPM 以上氯度的出现概率高达 90%,500 PPM 以上的氯度出现概率也达 56%。

由于长江径流是吴淞口水质的主要控制因素之一,本章试图寻找长江流量和吴淞水厂氯度出现概率的关系。最近 5 年,长江流量在 14 000 m³/s 以下的天数平均为 105 d,约占全年的 28.8%。图 6-8 和图 6-9 分别为吴淞水厂每年 100 PPM 和 500 PPM 以上氯度出现的小时数与大通站每年 14 000 m³/s 以下流量出现天数的相关关系。当不考虑 1978 年冬、1979 年春的特殊情况时,每年 14 000 m³ 以下的流量出现次数愈多,吴淞口 100 PPM 和 500 PPM 以上的氯度出现时间也愈多。当长江每年出现 14 000 m³/s 以下的天数达 148 d 时,出现 100 PPM 以上氯度的时间可达 4 300 h 左右,即整个枯季的氯度全部都在 100 PPM 以上。因此,超过 148 d 时,再考察 100 PPM 以上氯度出现时间与流量出现概率的关系,就没有实际意义了。

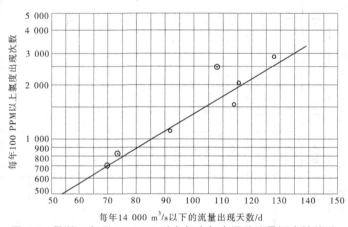

图 6-8　吴淞口出现 100 PPM 以上氯度与大通站流量概率的关系

4.1.2　潮汐的影响

长江径流除了洪峰前后月变化较大,一般月份,月径流变幅不大,尤其在枯水季节,径流月变化更小,上游径流量的日变化更可忽略不计,氯度的月变化和日变化主要是由潮汐引起的。

1977 年 3 月,长江上游径流在 9 000~10 000 m³/s,口外盐度变化也不大。图 6-10 绘制了这段时间内吴淞口日平均氯度、潮差和低潮位过程线。该月最小氯度为 45 PPM,最

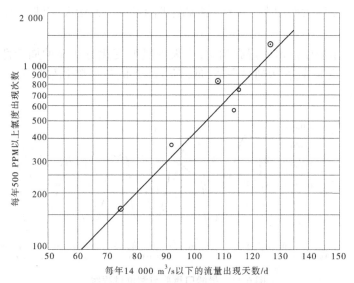

图 6-9　吴淞口出现 500 PPM 以上氯度与大通流量概率的关系

大氯度达 1 490 PPM,月内日平均最大氯度和最小氯度的变幅达 30 多倍。

图 6-10 表明,氯度的月变化与潮汛有一定关系。由大汛到小汛,氯化物含量不断增大;由小汛到大汛,氯化物含量逐渐减小,也即潮差大、低潮位低、氯度小;潮差小、低潮位高、氯度大。原因有两个,其一,潮差减小,意味着低潮位抬高,整个河段容蓄量增加,例如,河道长度为 300 km,河宽为 3 km,低潮位每天抬高 10 cm,等于减少 1 000 m³/s 的流量,这在枯水期是不容忽视的因素。就长江口来说,小潮低潮位常比大潮低潮位高 1 m 左右,从大汛到小汛。一般低潮位每天都要抬高 10 cm 以上。其二,从沿程来看,潮差小,盐度分层严重,盐水入侵距离比大潮时远。综合这两个因素,就出现潮差小、氯度大的现象。

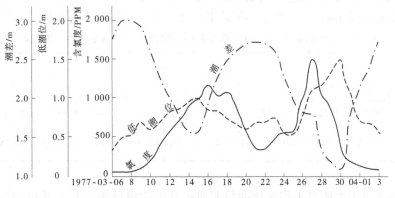

图 6-10　吴淞口日平均氯度、潮差和低潮位线

当检查吴淞站历年实测含氯度月内变化情况时,枯季多数月份氯度变化符合小潮氯度大、大潮氯度小的规律。个别月份,如 1977 年 2 月初也曾出现过由小潮到大潮氯度逐渐增大的现象,这是由当时特殊的潮汛情况所决定的。2 月初有一段时间,低潮位变化不大,潮差增大主要是由高潮位抬高引起的。潮差增大,低潮位没有降低,净泄量不会增大,而进潮量却随潮差增大而增大。因此,氯度随进潮量增大而增大,出现氯度与潮汐关系的反常现象。

当吴淞水厂水质受盐水入侵影响时,一天内氯度变化有明显的周期性(见图 6-11)。一般在高潮后 1~2 h,氯度达到最高值,低潮后 1~2 h,氯度降到最低值。氯度过程线与潮位过程线相对应。

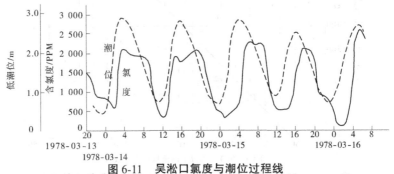

图 6-11　吴淞口氯度与潮位过程线

掌握氯度月变化和日变化规律,对于沿江水闸引低氯度的水源是有实际意义的。在枯水季节,一般不需要农业灌溉用水,由于通航等原因,有时仍然需要引水。如果按照氯度变化规律,引进低氯度的水源,对减少沿江内河的盐水入侵是很有帮助的。如果适当扩大自来水厂蓄水库的容积,水厂可以避免引进高氯度的水源,改善工业和人民生活用水的水质。

4.2　引水船海洋水文站盐度变化规律

引水船海洋水文站的站位是东经 122°12′、北纬 31°04′。1960 年以来,该站实测表层平均盐度为 13.6‰,最高盐度为 32.36‰,最低盐度为 0(1960—1977 年曾出现过数次)。表 6-6 为引水船站 1960—1977 年多年月平均盐度与大通站多年月平均流量对照。

表 6-6　引水船站 1960—1977 年多月平均盐度与大通站多月平均流量对照

项目	月份											
	1	2	3	4	5	6	7	8	9	10	11	12
盐度/‰	20.50	20.70	18.58	15.35	10.42	9.54	8.55	10.44	9.59	9.50	13.11	18.20
流量/（m³/s）	10 300	11 280	14 640	23 580	36 400	41 700	49 700	45 000	41 300	35 580	25 250	14 750

由表 6-6 及引水船月平均含盐度与大通站月平均流量相点曲线可知,引水船盐度与长江流量有较密切的相关关系。长一维计算需要用到连续方程、运动方程和盐水平衡方程,常用的盐水平衡方程如下:

$$\frac{\partial(AS)}{\partial t} + \frac{\partial(QS)}{\partial X} = \frac{\partial}{\partial x}\left(AD_x \frac{\partial S}{\partial X}\right) \tag{6-1}$$

式中　A——断面面积,m²;

Q——流量,m^3/s;

S——含盐度(‰);

D_x——扩散系数;

X——纵向距离,m。

早期一般用整个潮期内平均的各参数求解盐水平衡方程。近来作为估算盐水入侵情况,常用憩流近似法求解该方程。假如有足够的边界条件和起始条件,可以联解连续方程、运动方程和盐水平衡方程,求得各种不同条件下河口地区盐水入侵情况。

长江口已经用憩流近似法估算过盐水入侵情况。本章用实测资料分析所得的长江口盐度变化规律,来预测盐度的变化趋势。

4.3　改变上游流量所产生的影响

4.3.1　盐水入侵长度的变化

根据图 6-7 $\dfrac{\overline{S_引}}{S_0} \cdot \dfrac{\overline{Q}}{Q_f} \sim \dfrac{L_1}{L_0}$ 的相关曲线,可以预测上游流量变化所引起的入侵长度的变化,相当于多年平均最小枯水流量 7 900 m^3/s 时,$S_引$ 为 22.2‰,经计算和查图得,$\dfrac{L_1}{L_0}$ 为 0.69,落憩 5‰盐度的入侵长度为 52.5 km。如果考虑近期南水北调的流量为 1 000 m^3/s,平均最小枯水流量将变为 6 900 m^3/s,用同样的方法可得盐水入侵长度为 54.8 km,即盐水入侵长度增加 2.3 km。

如果在相当于多年平均洪季流量 45 500 m^3/s 时,$S_引$ 为 7.8‰,则落憩 5‰盐度的入侵长度为 10.25 km。如果调走 1 000 m^3/s 的流量,则多年平均的洪季流量将减少为 44 500 m^3/s,入侵长度增加为 10.62 km,即洪水时调走 1 000 m^3/s 的流量,仅增加入侵长度 0.37 km。由此可见,洪水时调走 1 000 m^3/s 流量,对盐水入侵影响不大,而枯水时调水对盐水入侵长度有一定的影响。

根据近期引水船盐度的变化趋势和大通站的流量预报,以预报长江口盐水入侵长度的变化。

4.3.2　改变上游流量对吴淞口水质的影响

由图 6-8 和图 6-9 的相关关系,令每年 100 PPM 以上氯度出现时间为 L_m,500 PPM 以上氯度出现时间为 L_n,大通站每年 14 000 m^3/s 以下流量出现天数为 Q_m。可得 100 PPM 以上氯度出现时间与大通站 14 000 m^3/s 以下流量出现天数的相关关系式:

$$L_m = 152e^{0.022\,3Q_m} \tag{6-2}$$

500 PPM 以上氯度关系式为:

$$L_n = 9.4e^{0.038\,2Q_m} \tag{6-3}$$

在 1974—1978 年,大通站 14 000 m^3/s 以下的流量,年平均出现天数为 105 d;15 000 m^3/s 以下的流量,年平均出现天数为 113 d。

用公式(6-2)计算,相当于 105 d,100 PPM 以上氯度出现时间为 1 580 h;相当于 113 d,出现时间为 1 880 h。

用公式(6-3)计算,相当于105 d,500 PPM以上氯度出现时间为517 h;相当于113 d,出现时间为710 h。

根据上述资料计算,在枯季调走1 000 m³/s流量,100 PPM以上氯度出现时间增加19%,500 PPM以上氯度出现时间增加37%。

实测吴淞站最大氯度为3 950 PPM,如果最枯流量再减少1 000 m³/s,即长江最枯流量为5 000 m³/s时,根据吴淞站月最大氯度与流量关系的外包曲线外延,查得吴淞口可能出现的最大氯度为6 500 PPM。应该指出,由于是外包关系曲线,实际出现的概率是非常小的,6 500 PPM只是最大可能出现的氯度,调水后并不一定马上就会出现这样高的氯度。

南水北调后,估算的长江口盐水入侵长度和吴淞口水质变化都表明,洪水时影响不大,枯水时继续调水,盐水入侵有一定程度的增加,在长江枯季调水应该慎重。

4.4　浚深航道的影响

长江口铜沙浅滩自然水深为6 m左右,1976年开始,底宽为250 m的航槽已浚深至7.0 m,由于国内外贸易的发展和宝山钢铁总厂原材料运输需要,对长江口航道水深要求不断提高。有关方面提出近期开发长江口航道水深达9.0~9.5 m,远期达13.5 m。长江口航道浚深以后,盐水入侵和趋势究竟如何?各有关部门都极为关心。

由于长江口现在只浚深1 m左右,现有条件下,航道浚深对盐水入侵影响的规律,尚难摸清,因而不论从联解三个方程的计算角度或者从建立经验的相关关系的角度来看,都难于解决这个问题。

本章列出水槽试验资料,说明航道浚深对盐水入侵的影响。试验所用的水槽为矩形断面,0.672 m宽、0.5 m高,总长度为100 m,试验用的垂直比尺为1:64,水平比尺为1:640。表6-7列出不同水深条件下,盐水入侵的试验结果。

表6-7　不同水深条件下,盐水入侵的试验结果

试验组次	水槽			相当于原体		
	潮差/m	水深/m	盐水入侵长度/km	潮差/m	水深/m	盐水入侵长度/km
1	0.025	0.156	11.0	1.6	10	7.0
2	0.025	0.188	15.0	1.6	12	9.6
3	0.025	0.250	36.6	1.6	16	23.4

水槽试验结果表明,水深增加,盐水入侵长度也增加。在水深大的基础上,再增加水深,比水深小时所增加的盐水入侵长度要大得多。例如,水深从10 m增加到12 m,增加盐水入侵长度2.6 km,而水深从12 m增加到16 m,盐水入侵长度增加13.8 km。这是一个值得注意的趋向。

第 5 节　结　语

(1)本章在收集大量实测资料的基础上,对长江口自然概况和盐水入侵情况作了概略介绍。现有资料表明,长江口地区盐水入侵主要由长江径流所控制。洪季,盐水入侵影响不大。枯季,盐水入侵影响比较显著。就南支河段而言,1‰的含盐度常可上溯到浏河口以上。在近几年连续小汛的情况下,整个崇明岛为 5‰以上的盐水所包围。

(2)吴淞口等地的氯度资料分析表明,氯度在年内、月内、日内的变化具有一定的规律性。掌握这种规律性,对沿江水闸和自来水厂引进低氯度的水源有帮助。

(3)本章用实测资料分析所得的长江口盐度变化规律,预测了南水北调后盐水入侵长度的变化趋势。洪水时调走 1 000 m³/s 流量,落憩 5‰的盐水入侵长度仅增加 0.37 km,而在枯季,入侵长度可增加 2.3 km。同时,枯季调水,吴淞口 100 PPM 以上氯度出现时间从 1 580 h 增加到 1 880 h,约增加 19%。500 PPM 以上氯度从 517 h 增加到 710 h,约增加 37%。枯季调水,盐水入侵的影响比洪季调水严重得多,为保证上海市工农业用水的水质,枯季调水应该慎重。

(4)由于缺少航道浚深对盐水入侵影响的实测资料,本章仅提供不同水深条件下,盐水入侵情况的水槽试验结果,作为考虑这个问题时的一个参考。现在看来,浚深航道以后,盐水入侵将明显增加,这是一个值得进一步研究的问题。

参考资料

[1] 国家科委海洋综合调查办公室. 全国海洋普查资料[R]. 1978.

[2] 南京水利科学研究所. 长江口盐水楔导重流对拦门沙航道的作用[R].

[3] 上海市自来水公司. 关系宝山地区水质资料收集情况的汇报[R].

[4] Arons A B, stomel H. A mixing-length theory of tidal flecshing[J]. Transactions American Geophysical U-nion, 1951, 32(3):38-47.

[5] Harleman D B F, Abraham G. One-dimensional analysis of salinity intrusion in the Rutterdam Waterway[J]. Delft Hydraulics Laboratory Publication, 1966(14).

[6] 黄胜, 韩乃斌, 钟秀娟, 等. 长江口拦门沙淤积分析[R]. 南京:南京水利科学研究所, 1979.

[7] Harleman D R F, Thatcher M L. Longitudinal dispersion and unsteady salinity intrusion in estuaries[J]. La Houille Blanche, 1974, 1(2):25-36.

[8] Rigter B P. Minimum lenth of salt intrusion in estuaries[J]. Proc. A. S. C. Z. Hy. Div. Hy, 1973(9):13-27.

第7章 金汇港建港防止盐水入侵及工程措施❶

第1节 概 述

金汇港位于上海市奉贤县境内,北口在闸港附近与黄浦江相连,南口经节制闸通向杭州湾。金汇港拓宽浚深后建设新港区,随着船只的往来,杭州湾高盐海水将经过金汇港侵入黄浦江上游。

上海市自来水新取水口在黄浦江大桥附近,上海市已将黄浦江上游闵行西界至淀峰45 km 的黄浦江水域划为水源保护区,在水源保护区内严禁破坏水环境生态平衡的活动。拓宽浚深金汇港,在金汇港两侧建港并建船闸通向杭州湾,在水源保护区附近搞这样大的工程,对水环境的生态平衡是有影响的,特别是盐水入侵问题必然会引起人们的注意。本章分析杭州湾含盐度变化规律并提出防止盐水入侵及工程措施的初步意见。

第2节 杭州湾北岸含盐度变化概况

2.1 含盐度与潮流的关系

杭州湾北岸含盐度与流速的关系有两种典型的形态。长江流量大的季节,冲淡水对杭州湾北岸水体有明显的影响。从长江方向来的涨潮流含盐度小,涨憩附近出现最小含盐度。受长江冲淡水影响的涨潮流,沿杭州湾上溯过程中,不断与含盐度较高的南股水流相掺混,增加含盐量。落潮流阶段,经过掺混的水体下泄时,含盐度不断增高,水文测验站位示意见图7-1,在落憩附近出现最大含盐度[见图 7-2(a)、(b)],在长江枯水季节,长江的冲淡水影响小,含盐度变化符合一般规律。涨憩时含盐度最大,落憩时含盐度最小[见图 7-2(c)]。

2.2 含盐度的平面分布

长江流量比较大的季节,在平面上,长江冲淡水以楔状伸入杭州湾北岸,在戚家墩以东,越靠近长江口,含盐度越小,含盐度沿程变化率小于 0.1‰/km。含盐度的横向变化是近岸含盐度小于远岸含盐度[见图 7-3(a)、(b)]。东海分局 1984 年 3 月的水文测验,正值长江枯水时期,长江的冲淡水影响小,含盐度自东向西逐渐减小,与长江洪水季节正好相反。横向上,低潮憩流时,近岸的含盐度大,远岸的含盐度小;高潮憩流时,远岸的含盐度大于近岸;在一个潮期内,远岸的含盐度变化比近岸大。不论洪枯季,整个海区含盐度的平面变化不大,约在 2‰左右。

---

❶ 本章由韩乃斌编写。

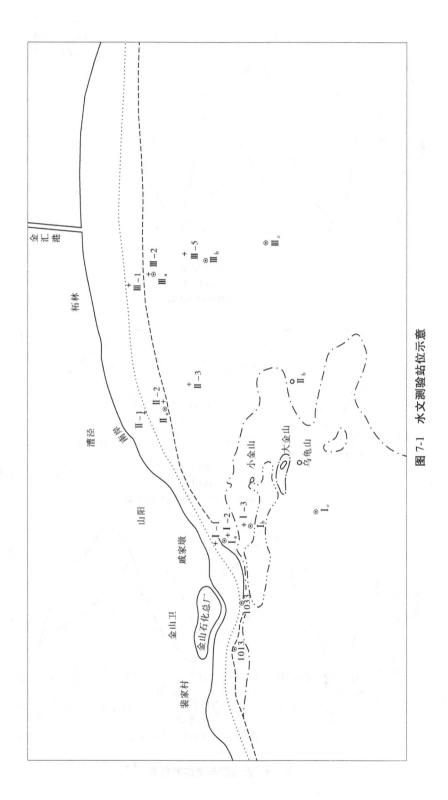

图 7-1　水文测验站位示意

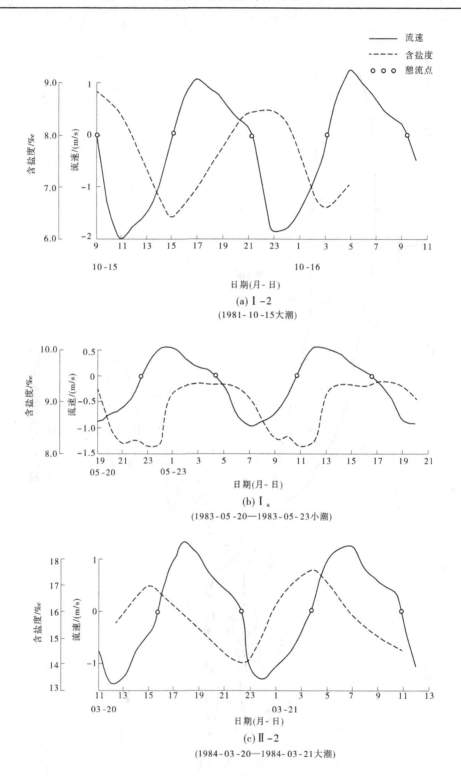

图 7-2　含盐度与流速的关系

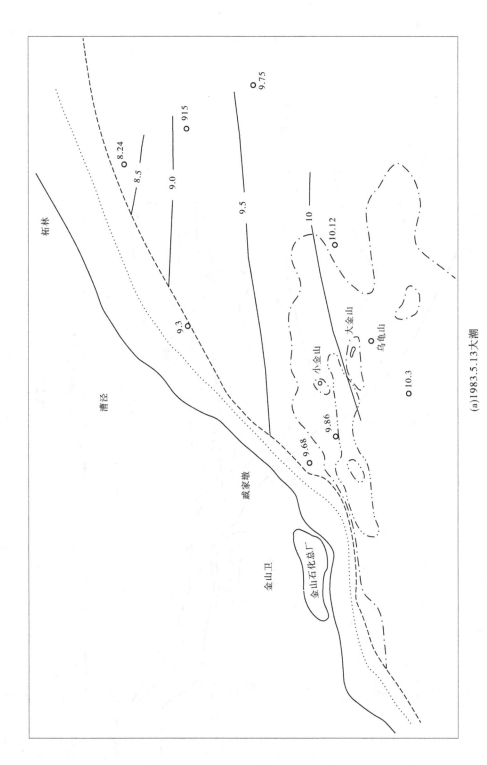

(a)1983.5.13大潮

图 7-3　平均含盐度等值线分布

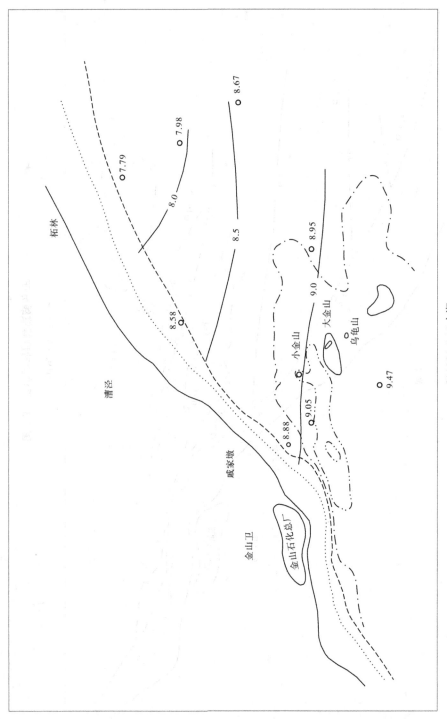

(b)1983.5.23小潮

续图 7-3

2.3　含盐度的季节性变化

含盐度与潮流的关系,除了含盐度的平面分布有季节性变化,含盐度大小的季节性变化也很明显。以金山咀站为例,每年 6—10 月含盐度小,1—4 月含盐度大,含盐度在年内呈周期性变化(见图 7-4)。由于受长江冲淡水影响,金山咀的月平均含盐度与长江大通站前一个月的月平均流量有较好的相关关系(见图 7-5)。长江平水年,金山咀站的月平均含盐度为 5‰~15‰,枯季的含盐度可达 15‰。

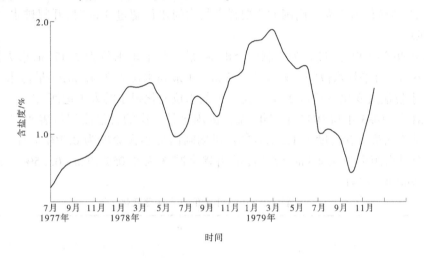

图 7-4　金山咀月平均含盐度变化

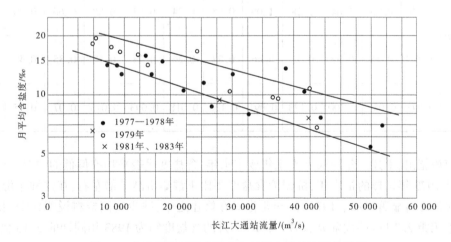

图 7-5　金山咀月平均含盐度与长江大通站流量的关系

杭州湾是强潮海湾,紊动作用强,垂线上含盐度变化不大。

第 3 节 金汇港现状

金汇港是一条人工开挖的运河,主要任务是引排水。金汇港北端有节制闸和船闸各一座。当节制闸在金汇港水位为 2.8~3 m 时,向黄浦江排水,汛期水位低于 2.5 m,非汛期低于 2.2~2.5 m,由黄浦江引水。船闸沟通黄浦江和金汇港,相互往来的船舶较多。金汇港南端只有节制闸,其中有一孔在水位齐平时可以通航,由于闸下入海航道位置多变,淤积严重,通航价值不大。南闸的主要任务是内河水位超过 3 m 时,开闸排水,每年开闸次数有限。

以 1986 年为例,经过人为控制的金汇港,最小月平均水位为 2.17 m,最大月平均水位为 2.67 m,月平均水位的变幅仅为 0.5 m。年最高水位为 3.42 m,年最低水位为 1.69 m,年内水位最大变化不超过 2 m,这是典型的水位变化很小的人工运河。

1981 年、1983 年和 1985 年三年,金汇港内每月一次的含盐度测量表明,金汇港南闸内每年枯季的最大含盐度为 1.5‰~2‰,汛期闸内最小含盐为 0.3‰左右。金汇港南闸到钦公塘桥距离为 4.4 km,含盐度的沿程衰减率为 0.05‰/km~0.35‰/km,平均为 0.12‰/km(见表 7-1)。

表 7-1 1983 年金汇港含盐度变化 ‰

地点	月份											
	1	2	3	4	5	6	7	8	9	10	11	12
金汇南闸	0.99	0.70	1.64	1.28	1.06	0.88	0.34	0.64	0.50	0.66	0.70	0.72
钦公塘桥	0.57	0.46	0.32	0.52	0.66	0.28	0.26	0.23	0.17	0.35	0.48	0.46
沿程变化率	0.095	0.055	0.300	0.173	0.091	0.136	0.018	0.093	0.075	0.07	0.05	0.059

应该指出,上述三年属长江平水年或丰水年,含盐度代表平均或偏低的情况。枯水年特别是 1979 年这样的枯水年,杭州湾含盐度要比正常年份高 1 倍左右,在这种年份,金汇港内含盐度将显著增加。1979 年,金汇港尚在修建之中,缺少实测资料说明这个问题,与金汇港相距 2.3 km 的周陆站,1979 年 1—5 月的含盐度约为 1983 年同期的 2.13 倍。

第 4 节 金汇港建造船闸后的盐水入侵

金汇港建设新港区的三个方案中,直接通向杭州湾方案存在盐水入侵问题,并将对金汇港本身和黄浦江上游产生严重的影响,因此本节主要考虑该方案的盐水入侵问题。

为了充分利用杭州湾水深大的优点,金汇港新港区应接纳 3 500 吨级的船舶,这种吨位的浅水型散装货船的尺寸为 190 m×32 m×9.5 m,杂货船的吃水深度为 10.6 m。此外,还需考虑接纳 20 000 吨级集装箱船,其尺寸为 213.5 m×31 m×10.52 m。按照接纳船舶最大尺寸 213.5 m×32 m×10.6 m 设计,低水位时船闸的尺寸为 226 m×36 m×12 m。

通海船闸由于盐水楔异重流、水位调平、闸门漏水和船舶进出闸的影响,盐水由船闸侵入内河。在上述诸因素中,主要的影响是盐水楔异重流。通海船闸开启闸门时,盐水以异重流的方式侵入闸室,根据奥勃郎的理论推导,其初速 v_0 为:

$$v_0 = 0.5 \frac{\Delta\rho}{\rho} gh \tag{7-1}$$

式中　$\Delta\rho$——盐水、淡水之间的密度差;

　　　ρ——盐水、淡水的平均密度;

　　　h——水深。

杭州湾北岸拟建新港区范围内,含盐度的平面变化不大,可用金山咀站的资料来代表。长江平水年,金山咀附近的含盐度一般为 5‰~15‰,盐、淡水的密度差为 0.003 5~0.011,以盐、淡水平均密度差 0.007 计,当水深为 13 m 时,盐水楔的初速为 0.47 m/s。如闸室长为 226 m,则盐水楔在 480 s 左右即可抵达闸室的封闭端,先产生反射和壅高现象,然后在盐、淡水交界面产生内波,交界面也逐渐随之升高,最后趋于稳定。考虑开闸和进船的过程需要 20 min 左右,盐水楔有足够的时间潜入整个闸室并反射和壅高,通常开闸和进船过程侵入的盐水量约占闸室体积的 70% 左右。每次过闸侵入的盐量取决于闸室的大小和盐、淡水的密度差。当船闸尺寸为 226 m×36 m×12 m,过船时水深为 14 m;按杭州湾含盐度分别为 5‰、15‰和 20‰三种情况来考虑,盐、淡水的盐度差分别为 4‰、12‰和 15‰;过闸船舶的平均排水量以 2.5 万 t 计,则每次过闸侵入的盐量分别为 249 t、747 t 和 995 t。由此可见,不采取防咸措施,金汇港的盐水污染问题是很严重的。

第 5 节　防止船闸盐水入侵的措施

建设一个利用金汇港的新港区,解决盐水入侵问题的途径有三个。第一,采用边滩运河或港池式方案,将港区建在闸外,内河港池在船闸内通向金汇港,这样可以把金汇港的开闸次数减少到最低限度,这是一个比较彻底的解决办法。第二,采取减少和阻止盐、淡水交换的工程措施,以减轻船闸的盐水入侵。第三,在盐水通过船闸侵入金汇港后,解决这个问题的办法只有开闸放水,冲走入侵的盐水。放水的流量、持续时间和所需的水量取决于盐水入侵的程度,即船闸外含盐度的大小、船闸尺寸、开闸次数和船闸的防咸措施。这个问题有待今后采用数学模型进一步研究。在确定所需的冲盐流量后,还要与太湖流域综合治理规划和黄浦江中下游所需的冲污流量相协调,以便确定能否提供金汇港所需的冲盐流量,上述第一、第三两个途径是比较明确的,下面主要评述金汇港防止盐水入侵的工程措施。隔膜法、气幕法、置换法等是国内外研究得比较多的船闸防止盐水入侵的工程措施。

5.1　隔膜法

交通部第一航务工程勘察设计院和天津水运工程科学研究院对隔膜法船闸做了很多

试验研究,如有可能,将来准备做小型的实体船闸试验。金汇港直接通杭州湾这样的大型海船闸,在现阶段采用隔膜法作为防咸措施,是不现实的。

5.2　气幕法

采用空气帷幕,使两种密度不同的水体强烈掺混,减缓异重流运动,从而减少船闸的盐水入侵,这种方法在国外已经广泛使用,我国在海河船闸也做过这样的试验,气幕的防咸效果可达 50%~80%。在金汇港直接建港条件下,由于临近上海水源保护区,水质要求高,单纯采用气幕防咸,尚达不到环保对水质的要求,要确保水质,一定要辅以开闸排咸的措施。黄浦江上游是否能提供足够的排咸流量,要由太湖流域综合治理规划来确定。

5.3　置换法

置换法防咸船闸不同于一般船闸,它有两套咸淡水输水系统。为减少输水的紊动能量,尽量避免盐、淡水之间的掺混,必须分散输水,淡水的输水系统主要通过两侧的淡水廊道,咸水在底板上分散输水,故采用双重底板。在淡水置换海水时,海水由闸底板流入低蓄水池,为了缩短淡水置换海水的时间,低蓄水池的面积一般为闸室面积的 5 倍左右,低蓄水池的最高水位应低于盐水廊道的最低高程,在海水置换淡水时,采用高蓄水池的方法,高蓄水池的面积约为闸室面积的 3 倍,泄入低蓄水池的海水用水泵打入高蓄水池。

法国和荷兰已经建造和使用过采用置换法防咸措施的船闸,防咸效率可达 95%。从技术上讲,采用置换法防咸措施的船闸已经成熟。但国外现有的置换法船闸都是通向内河的浅水船闸,水深为 4~5 m。我国新港研究的复线船闸也属于这种类型,金汇港直接建设新港区,必须建造水深在 12 m 以上的大型海船闸,这种大型海船闸采用完全置换法防咸,咸淡水输水廊道、高低蓄水池的配置尚须进一步研究。

综上所述,金汇港直接通海船闸采取完全置换等防咸措施,辅以一定的冲盐流量,可以基本解决船闸的盐水入侵问题。如果遇到 1978—1979 年这样的长江特枯年,杭州湾含盐度高,船闸盐水入侵比较严重,如单线船闸每天过船 20 次,船闸的防咸效率为 95%,杭州湾含盐度为 20‰时,金汇港每天进盐 995 t。此时,若恰逢太湖流域干旱年,黄浦江上游可供排盐的流量有限,金汇港会出现严重的盐水入侵,甚至影响黄浦江上游自来水水源的水质。为了保证自来水水源的水质标准,将不得不采取限制开闸的措施,这对新港区的使用极为不便,对这种特殊情况的影响,事先必须有充分的估计。

第 6 节　结　语

(1)长江口冲淡水的强度决定杭州湾北岸含盐度与流速的关系,影响杭州湾含盐度的平面分布,造成含盐度的季节性和年际变化。

(2)金汇港南口和杭州湾相连,北口在闸港附近和黄浦江相通,拓宽浚深金汇港,建设新港区,对黄浦江上游的生态环境,特别是盐水入侵是有影响的,采取相应措施减轻环境影响是十分必要的。

(3)金汇港直接通海船闸采取完全置换法等防咸措施,辅以一定的冲盐流量,一般年份可以解决盐水入侵问题。在 1978—1979 年这样的长江特枯年,杭州湾含盐度高达 20‰左右,在采取防咸措施后,金汇港每天进盐近 1 000 t。如果此时恰逢太湖流域干旱,没有足够的冲盐流量,将不得不采取限制开闸的措施,这对新港区的使用是很不方便的,对于这种特殊情况,事先必须有充分的估计,采取一定的防范措施。

参考资料

[1] O'Brien M P,Cherno J. Model Low for Motion of saltwater through Frosh[J]. Trans, Amor Civil Engin, 1934(99):1-25.

[2] 交通部天津港务局,天津水运工程科学研究所.天津新港船闸气幕防咸效果现场试验报告[R]. 1978.

第8章　长江口盐水入侵趋势分析及对策研究

第1节　概　述

　　上海市现有黄浦江上游和引长江水的陈行水库两个主要水源地。黄浦江上游水源地有机物污染严重,水质稍差。陈行水库水源地水质较好,水量充沛。在枯水季节受长江口盐水入侵影响,氯离子严重超标。上海作为国际化大都市,提高饮用水的水质是非常有必要的。从长远来看,上海市开发水质好的原水,长江是主要水源。近年来由于种种原因,上海长江水源地陈行水库前沿,枯水季节受盐水入侵影响比较大,1999年2—3月连续25 d取不到合格的长江原水。陈行水库库容仅为830万 m³,长江口盐水入侵严重时,根本不能满足避咸的要求,被迫取用超标的长江原水,使上海市自来水水质受到严重的影响。宝钢水库与陈行水库相邻,库容为1 200多万 m³。近期,宝钢用水量为20万 m³/d,按宝钢水库设计的40 d不取水的标准来推算,不计死库容,宝钢水库尚有近300万多 m³ 的富裕量。在长江口北支连续倒灌期间,利用宝钢水库的富裕库容的水源,冲淡陈行水库被迫取用氯离子超标的长江水,实际上可起到增大陈行水库库容、减轻枯季长江原水氯离子超标的影响。

　　优化配置陈行和宝钢两水库水资源的前提是确保宝钢用水不受影响。为此,必须研究长江水源地附近盐水入侵来源、变化规律及发展趋势,以便提高长江水源开发利用的可靠性。长江口盐水入侵变化受很多因素的制约,长江上游来水量的变化无疑是重要因素之一。长江三峡工程即将蓄水,三峡水库的调度运用将直接改变上游径流下泄过程,东线南水北调枯季调水对长江口盐水入侵的影响更大。针对长江上游重大水利工程措施引起的盐水入侵变化,提出必要的对策措施,对优化配置长江水源十分重要。为此,上海市原水股份有限公司委托南京水利科学研究院开展本课题的研究,以便上海市决策实施长江水源优化配置方案。本项工作是在双方紧密配合下完成的,在委托开展本课题研究之前,甲方(上海原水股份有限公司)已经做了大量基础工作,给本课题的研究提供了极大的便利,谨在此表示衷心的感谢。

　　本项研究的主要依据和基础资料如下:

　　(1)《上海长江原水资源合理配置及发展趋势的分析研究》技术合同书。

　　(2)1998年12月至1999年4月及2000年12月至2001年4月,青龙港、崇头、陈行水库、青草沙四站逐时含氯度数据。

　　(3)1998年12月至1999年4月,长江原水厂取水量、出水量、水库水位、出库水逐时含氯度数据。

　　(4)1983—1988年枯季,宝钢水库前沿逐时含氯度数据。

（5）长江原水厂建厂以来历年枯季逐时含氯度数据。

（6）1955—2001 年,青龙港站枯季实测潮汐资料。

（7）1966—2001 年,潮汐预报表。

（8）20 世纪 60 年代以来长江口地区实测的含氯度和含盐度资料。

第 2 节 长江口盐水入侵综述

2.1 概 述

长江口是典型的分汊河口(见图 8-1),徐六泾以下由崇明岛分隔为南支和北支,南支在浏河口以下,被中央沙、长兴岛和横沙岛分隔成南港和北港。南港在九段沙以下,又被分隔成南槽和北槽。

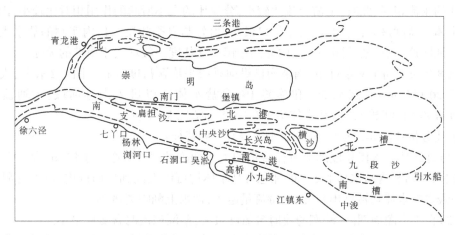

图 8-1 长江口示意

长江大通站历年最大洪峰流量为 92 600 m³/s,最小枯水流量为 4 620 m³/s,径流最大变幅可达 20 倍,年内变幅一般在 7 倍左右。长江口潮差最大变幅可达 28 倍,月内变幅在10 倍左右。外海高盐海水经过北支、北港、南槽和北槽 4 条汊道上溯入侵。由于各汊道的断面形态、过水能力、分流量和潮汐特性各不相同,这些特性都是控制盐水入侵的重要因素,因此口门地区盐水入侵方式非常复杂,不同的汊道和河段,盐水入侵方式可能完全不同。

长江口北支日益淤浅,河槽容积变小,外形呈典型的喇叭形,潮波变形剧烈,分流比逐年减小,大潮汛期间涨潮流由北支上溯,再经过落潮流由南支下泄形成倒灌。枯季大潮期间倒灌尤为严重。北支倒灌使南支和南、北港河段上下两端均有盐水入侵来源。

鉴于北支倒灌的存在,长江口南支河段有两种明显不同的盐水入侵方式,即外海盐水直接入侵和北支倒灌盐水过境。

2.2 外海盐水直接入侵

长江口在不同的径流和潮差组合情况下,盐、淡水的混合程度和入侵形式均各不相同;其入侵形式为伴随涨潮流上溯。枯季大潮盐淡水混合比较强烈,竖向盐度差小,属于强混合型;大洪水期间,遇上特别小的潮差,长江口外表底层含盐度差经常保持在20‰~25‰,在相对水深0.4~0.6,含盐度有一突变之处,这种混合状态属于高度分层型。在洪枯水的其他组合情况下,等盐度线以楔状伸向上游。据估计,长江口洪季出现缓混合型的概率在75%以上,枯季出现的概率约为50%,全年出现缓混合型的概率在60%~70%。

长江口有四个入海口门,除北支口门外,南支三个口门的盐水入侵情况与它们的径流分配比和大洋海流有关。多年的统计表明,南北港分流比基本稳定,北港落潮分流比为43.6%~53.5%,南港落潮分流比为46.5%~56.4%。南港径流又分南槽和北槽两口下泄,通常情况下,北港径流分配比最大,北槽次之,南槽最小。长江洪水季节,正值夏季高温高盐的台湾暖流自南向北先后与南槽、北槽和北港水流交汇和掺混。上述两个因素均导致洪水季节南槽盐水入侵最强,北槽次之,北港最弱。

冬季,长江口为从渤海南下的苏北沿岸所控制。沿岸流先后与北港口、北槽口和南槽口下泄的水流相遇,此时,上游径流比较小,分流比的大小所起的作用相对比较小,因此北港口水体含盐度最大,北槽次之,南槽口最小,恰好与夏季相反。口内实测的盐水入侵情况也可证明这一点,枯季同一断面的北港堡镇的含盐度一般均大于南港的吴淞。

图8-2为不同水文条件下,南港南槽纵向垂线平均含盐度分布。图8-2表明,大通流量小于20 000 m³/s,涨憩5‰和落憩1‰含盐水体可以进入南港河段;大通流量为40 000 m³/s时,涨憩1‰含盐水体集中在中浚上游12 km左右。

上述分析和图8-2表明,外海盐水入侵有下列特征:

(1)外海盐水入侵长度随上游径流量的大小而变化,以中浚上游17 km横沙站为口门,枯季1‰落憩含盐水体和5‰的涨憩含盐水体均可以上溯到口门以内,洪季落憩1‰、涨憩5‰含盐水体均被推出口外,上游流量越小,盐水上溯距离越远。

(2)在一个潮周期内,涨潮憩流时含氯度最大,落潮憩流时含氯度最小。

(3)不论涨憩或落憩,水体含盐度均为自上游向下游递增。一般情况下,自上游向下游方向不会出现含盐度递减的反常情况。

(4)盐水入侵时,垂线上部含盐度小,底部含盐度大。枯季大潮期间,含盐度沿垂线分布比较均匀,洪季小潮期间,含盐度存在明显的分层现象,即俗称盐水楔。

(5)外海盐水入侵区含盐度大小与上游大通站流量大小关系密切,与潮差大小等因素关系不明显。外海盐水入侵时,相邻两站含氯度峰谷值相应,日上游站含氯度明显小于下游站(见图8-3)。

2.3　北支倒灌

2.3.1　概　况

近百年来,北支的分流量逐渐减少,1920年前后,北支实测径流量约占南北支总径流量的25%;1958年9月、1959年3月和8月,北支的平均分流比分别为8.8%、1.8%和0.12%。近年来,北支分流比随上游径流量和潮差不同而有些变化。上游径流量大、海口潮差小时,北支以净泄为主;上游径流量小、海口潮差大时,北支向南支倒灌水量。枯季,北支本身含盐度很高,倒灌时大量盐水进入南支,是长江口南支河段上端唯一的盐水入侵

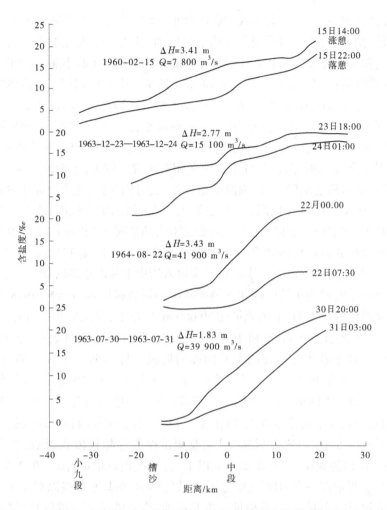

图 8-2　不同水文条件下长江口南港南槽纵向垂线平均盐度分布

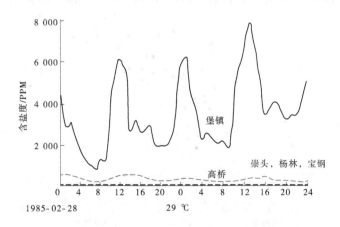

图 8-3　外海盐水入侵时南支沿程各站盐度过程线

源。北支的盐水入侵状况与南北支分流比密切相关。上游淡水流量小、年平均潮差大的年份,盐水入侵比较严重。反之,盐水入侵影响较小。1974 年,年平均潮差接近 3 m,创当时的历史最大值,潮差大,北支倒灌到南支的水量增加,北支盐水入侵加剧。当年处于北支上口的青龙港除了 6 月和 7 月上半月小潮和寻常潮及 7 月下旬的小潮,含盐度在 1‰以下,其余时间含盐度均在 1‰以上,最大含盐度超过 20‰。全年可以用江水灌溉的时间仅为一个月左右,下游启东市境内,则全年不能用江水灌溉。1975 年以后,北支上口崇明一侧冲刷出一条新槽,潮汐反射作用降低,潮差也有些减小,在上游流量相同的情况下,盐水入侵程度有所降低。20 世纪 70 年代末连续几个枯水年,北支盐水倒灌非常严重,北支两岸基本上不能引水灌溉。80 年代,长江上游流量相对来说比较大,上游流量大,北支分流量加大,北支倒灌盐水随之减弱,可以灌溉的范围加大,时间加长,北支倒灌相对较弱的状况一直持续到 1997 年。1998 年以后,由于北支口门附近的围垦等原因,北支上口与主流的交角进一步加大,潮波反射加剧,在天文潮变化不大的情况下(假定长江口中浚站预报的潮差不受地形变化的影响),1998 年以后北支青龙港站大汛平均潮差增加 0.4~0.5 m。随着潮差的加大,北支向南支倒灌盐水的状况又进入历史上最严重的时期。

　　青龙港断面的净流量变化是反映北支倒灌状况的最直接因素,1959—1978 年间青龙港断面历次水文测验资料表明,上游流量在 30 000 m³/s 以下,净流量开始指向上游方向,即水量向南支方向倒灌。1984 年和 1985 年北支实测的盐度资料表明,上游流量在 25 000 m³/s 以下,青龙港才会出现向上游倒灌的情况。与 1959—1978 年的资料相比,1984—1985 年,青龙港断面开始向上游倒灌时,长江上游流量比 20 世纪 80 年代前减少了 5 000 m³/s。反映北支向南支倒灌的程度有所减轻。采用 1984 年和 1985 两年枯季实测的含盐度资料,当长江上游流量在 25 000 m³/s 以下,点绘相邻两日之间的盐度差与日平均潮差的关系见图 8-4。可能受风速、风向及测量误差等随机因素影响,点群比较散乱,但图 8-4 有一明显的规律,潮差在 2.5 m 以上,含盐度逐日增加;潮差在 2.5 m 以下,含盐度逐日减小。假定在一个潮周期内,忽略扩散的影响,则盐水传播以对流为主,这样,在青龙港含盐度逐日减小时,可以近似地认为是净泄,青龙港站含盐度逐日增加时,则表示水流向上游方向倒灌。最近的资料表明,青龙港站含氯度随潮差的变化,基本上仍遵循

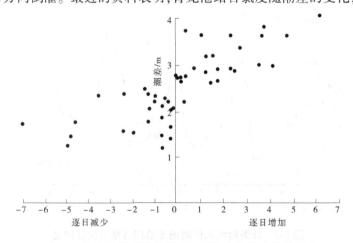

图 8-4　青龙港站日平均超差与两天之间盐度差的关系

上述规律。青龙港潮差从 2.5 m 左右开始,含氯度逐日增加,潮差达到 4.0 m 以后,含氯度保持 10 000 mg/L 以上,潮差降至 3 m,含氯度也没有明显减小,潮差在 3.0 m 以下,含氯度迅速逐日减小。

2.3.2　北支倒灌盐水在南支河段的运移方式

图 8-5 为南支各站含氯度变化过程线。图中三站自上游向下游分别为崇明头部、陈行水库和青草沙。含氯度的沿程变化表现为崇明头部最大,青草沙和陈行水库次之。倒灌初期,纵向含盐度上游大下游小,与正常的外海盐水入侵情况正好相反。由于陈行水库位于浏河口下游凹槽的边滩上,北支倒灌盐水传输没有下游青草沙站这样直接和快捷,因此含氯度小于青草沙。图 8-5 南支河段各站日平均含氯度过程线表明,位于上游的崇明头部站日平均最大氯度出现时间最早,石化码头次之,青草沙和陈行水库出现时间最迟,该图反映了北支倒灌盐水在南支的传播过程,也表明南支河段盐水入侵源在上游方向。

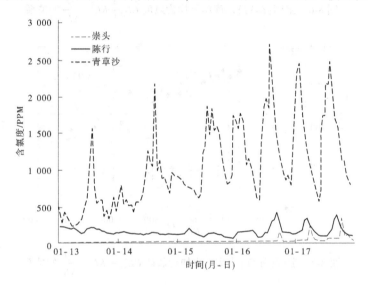

图 8-5　外海盐水入侵时陈行和青草沙两站含氯度过程线

北支倒灌中后期,上游崇明头部已经为淡水所控制,中下部的陈行水库和青草沙站含氯度维持相对比较高的一段时间,而且每天的含氯度峰谷值变化不大,这段时间内,对陈行水库取水水质影响最大,最后,南支河段中下部含氯度才逐渐减小(见图 8-6、图 8-7)。

北支高盐度水体倒灌到南支河段后,一方面和南支水体掺混,盐度峰值明显降低(见图 8-8),另一方面在上游流量挟带下,逐渐向下游运移出海,受涨落潮的影响,倒灌水体在南支河段内来回游荡,南支河段低潮位下河槽容积达 40 亿~50 亿 m³,倒灌水体在来回游荡中要挤占河段间原有的巨量水体,因此南支河段日平均含氯度峰值从上游至下游逐渐推迟反映了该河段盐水运移规律。

值得指出的是,倒灌水体的影响范围远远超出南支河段,表 8-1 列举了 1978 年和 1979 年两次浏河至中浚的纵向氯度测量资料。1978 年 2 月 15 日从高桥至中浚含氯度沿程减小,含氯度分布从上游向下游呈倒比降形式,表明倒灌水体的前峰已达中浚站。1979

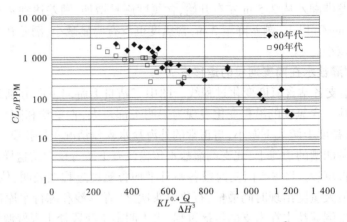

图 8-6　宝钢(陈行)水库站平均含氯度 CL_B—$KL^{0.4}\dfrac{Q}{\Delta H^3}$ 的关系

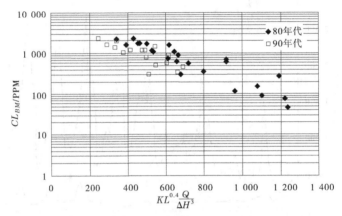

图 8-7　宝钢(陈行)水库站平均含氯度 CL_{BM}—$KL^{0.4}\dfrac{Q}{\Delta H^3}$ 的关系

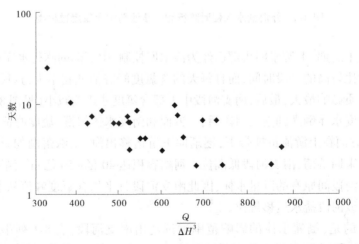

图 8-8　宝钢(陈行)水库站每个潮汛含氯度大于 250 PPM 持续天数与 $\dfrac{Q}{\Delta H^3}$ 的关系

年 1 月 7 日测量的资料表明,倒灌水团前峰也已到达中浚附近的三甲港站。从南北支交汇口到中浚的距离为 106 km,倒灌水体运移过境范围至少在 100 km 以上,直到口外水体本身含盐度和倒灌水体含盐度接近时,倒灌水体才和邻近水体掺混消失。

表 8-1　1978—1979 年两次浏河至中浚的纵向氯度测量资料　　　　　　单位:mg/L

日期 (年-月-日)	站名									
	浏河	跃龙	西排污口	狮子林	吴淞	高桥	五好沟	南排污口	三甲港	中浚
1978-02-15	1 820	1 913	1 971	1 934	1 783	1 842	1 616	1 265	1 109	997
1979-01-07	1 546	1 756	2 456	2 076	2 050	1 986	1 496	1 406	1 166	1 546

综上所述,北支倒灌有如下特征:

(1)北支倒灌的盐水入侵源,位于南支河段上游端南北支交汇口附近。北支倒灌初期,含氯度呈明显的上游大、下游小的倒比降形式。

(2)倒灌水体过境初期,落潮憩流时,含氯度最大;涨潮憩流时,含氯度最小,含氯度过程线有明显的峰谷值。

(3)倒灌水体过境后期,南支上段已经为淡水所控制,含氯度比较小。南支下段的倒灌水体由于受涨落潮影响来回游荡,含氯度过程线已经坦化,在上游流量不断的淡化作用下,南支下段含氯度逐渐减小。

2.4　1979 年春的盐水入侵状况

1978 年长江经历了有记录以来流量最小的枯水年,年平均流量为 21 400 m³/s,仅为多年平均流量的 72% 左右,并于 1979 年 1 月 31 日出现了创纪录的最小流量 4 620 m³/s。1978 年长江流域枯水,太湖流域大旱,1979 年初又遇春旱,长江两岸需水量迅速增加,沿江的抽水站和水闸大量抽引江水。据不完全统计,1978 年安徽省抽引江水 64.8 亿 m³。江苏省江都抽水站全年开机 270 d,抽水 62.9 亿 m³。沿江其他抽水站抽水约 56 亿 m³,涵闸引水量为 176.3 亿 m³,江苏全年抽引江水 295.2 亿 m³,大通站以下共抽引江水 360 亿 m³,年平均抽引江水 1 150 m³/s。1979 年 1—3 月总引水量约为 45 亿 m³,平均抽引流量接近 600 m³/s,占同期上游流量的 1/10~1/12。

在长江枯水和大量抽引江水的双重因素作用下,1979 年初,长江口地区出现了历史上罕见的盐水入侵问题。南支河段不少水文站、水闸和水厂都测到了历史最高含氯度。吴淞水厂氯度最大值达到 3 950 mg/L,连续 11 d 最大含氯度超过 3 000 mg/L。1979 年 1 月 26 日至 3 月 25 日的 59 d 中,仅有 2 月 6 日、19 日和 28 日 3 d 共 7 h 含氯度在 250 mg/L 以下,日平均含氯度超过 250 mg/L 的连续天数达到 84 d。黄浦江沿岸其他的各自来水厂也相继测到历史上最大的含氯度,闸北、扬浦、南市等水厂的最大含氯度分别达到 3 820 mg/L、1 930 mg/L 和 1 080 mg/L。

长江沿岸的老石洞和高桥两站实测最高含氯度也达到 2 704 mg/L 和 3 470 mg/L。

1979 年 2 月,盐水一直影响到离口门 120 km 的常熟望虞闸和浒浦等地。当时,常熟县卫生局在望虞内河、浒浦内河、梅李和浒浦口等地取样化验,浒浦内河最大含氯度达到690.8 mg/L,整个崇明岛被盐水包围的时间达 4 个月左右。

长江沿岸抽江引水,抽引高盐度水体,引起内河水道体系的盐水污染。1979 年 1—2 月仅浏河闸引进含氯度为 1 000 mg/L 以上的盐水 6 000 多万 m^3,加上其他水闸和涵洞,引进的盐水量还要大得多。从长江引入的含盐水流在内河扩散、运移、滞留,致使太仓、昆山、嘉定和青浦等县含氯度普遍升高。嘉定自来水厂实测资料中,有 38 d 含氯度大于1 000 mg/L,最大值达 1 835 mg/L。2 月下旬至 3 月底,嘉定县大部分地区含氯度高于1 000 mg/L,青浦县境内部分河道的含氯度也达到 500~1 000 mg/L。

从长江引入的盐水沿浏河经太仓、昆山,由青阳港、夏驾河入吴淞江,再经茜墩港到淀山湖,使淀山湖的氯化物也普遍升高,淀山湖的北端氯化物最高达 254 mg/L。入侵到内河和湖泊的含盐水流,滞留和稀释的过程比较长,且大部分含盐水流需经黄浦江排出去,使黄浦江上游闵行和长桥等水厂的咸潮影响持续到 6—7 月。直接抽引高盐水流进入内河水道,影响是非常深远的。

1979 年春的盐水入侵对上海市和邻近地区的工业、农业和人民生活的影响是非常深远的。盐水入侵对工业生产的影响,包括食品工业因发酵减慢、产品发咸被迫减产或停产,制药厂受水质影响停产或减产;纺织印染企业、染料受影响染色差;电镀行业质量普遍下降,产品由出口转内销;钢铁厂产品表面出现斑点或腐蚀。影响更为普遍的是,不少工厂因锅炉结垢严重,被迫停产,许多用水设备腐蚀速度加快,被迫提前更新设备。上海市净水学会和环境保护局对 90 家工厂进行了抽样调查,1978—1979 年初的盐水入侵,据各行业不完全统计,损失达 1 400 多万元,还有很多损失是难于用具体数字表示的。此外,为了保证产品质量,不少工厂添置了淡化设备和各种水处理设备。据食品、化工等 5 个行业 151 家工厂不完全统计,共添置各种规格的电渗析和离子交换设备 330 台,投资 800 多万元,给企业造成了不必要的开支。

1979 年初的盐水入侵对农业也有明显的影响。当时沿江各闸引水抗旱,含盐水流入内河,水体的含盐度超过农业用水标准,使口门地区各县早稻秧苗受到不同程度的影响,其中,江苏省太仓县受影响最严重,当年早稻秧苗普遍发生焦芽,成秧率仅为 60% 左右,有 90% 的秧田受到过盐水影响。全县被迫减少早稻种植面积,不少社队不得不重做秧田,还采取了不少补救措施,力图挽回损失,既增加了人力,也加大了农本。

盐水入侵对人民生活的影响,反映在味觉上,人们普遍难于饮用氯度太高的水体。在人们习惯于饮用低氯度水时,如果改用高氯度水体,几天内,生理状态需要有一个调整过程。在这个过程中,某些人会有腹泻的反应。总体来看,短期饮用高氯水体对身体健康的人影响不太大。然而,对于患有心脏病和肾脏病的人,饮用高氯度水,对身体健康会产生明显的不利影响。

第 3 节　上海长江水源地盐水入侵特性

3.1　盐水入侵来源

　　上海长江水源地紧临浏河口下游,位于南支河段的中段。南支河段上游端与长江干流和北支交汇,下游端连接长兴和横沙两岛分隔的南北港,南港在横沙以下,由九段沙分隔为南北槽,直接与外海相连。南支河段的特殊地理位置,使它有两个盐水入侵源,即外海盐水经南北港直接入侵和北支向南支倒灌盐水。

　　1999 年 1 月 14—18 日,长江水源地(陈行水库)经历过一次外海盐水直接入侵的影响。在这一段时间内,青草沙站每天最大含氯度均在 1 500 mg/L 以上,最高含氯度达到 2 681 mg/L。同期,陈行水库站氯度峰值从 162 mg/L 增加到 498 mg/L。但上游的崇头站 14—16 日含氯度保持在 50 mg/L 以下,17—18 日,含氯度才开始增加。在外海盐水入侵的情况下,青草沙站至陈行水库站,氯度峰值从 2 681 mg/L 降至 498 mg/L。陈行站峰值含氯度不足青草沙站的五分之一。青草沙站 1 月 14—18 日氯度谷值分别为 424 mg/L、605 mg/L(资料不全)、571 mg/L、544 mg/L 和 420 mg/L。

　　陈行水库站氯度谷值分别为 118 mg/L、88 mg/L、82 mg/L、98 mg/L 和 85 mg/L。1999 年 1 月的这次外海盐水入侵表明,下游青草沙站的含氯度虽然高达 2 000 mg/L 以上,陈行水库站含氯度也受到明显影响,但每天的氯度谷值大部分小于 100 mg/L,完全符合国家饮用水的标准。在外海盐水直接入侵的情况下,陈行水库前沿每天都能取到合格的长江水,外海盐水直接入侵对陈行水库前沿的水质影响比较小。

　　1999 年 1 月 1—9 日北支倒灌盐水过境时,崇头、陈行水库和青草沙三站的氯度过程线。1 月初的北支倒灌从 1 月 1 日开始,1 月 1—3 日,崇头站峰值含氯度分别为 549 mg/L、581 mg/L 和 757mg/L,这三天陈行水库站含氯度基本上保持在 50 mg/L 以下,青草沙站的含氯度也全部小于 100 mg/L,1 月 4—6 日,崇头站峰值含氯度剧增为 1 323 mg/L、1 621 mg/L 和 1 667 mg/L,陈行水库站的含氯度峰值也随之增加到 132 mg/L、311 mg/L 和 639 mg/L。1 月 7—9 日,北支倒灌减弱,崇头站氯度峰值分别减小为 1 136 mg/L、558 mg/L 和 307 mg/L。受北支倒灌盐水过境时间上的滞后影响,陈行水库站峰值含氯度分别增加为 891 mg/L、1 026 mg/L 和 972 mg/L,青草沙站的峰值氯度相应增加为 961 mg/L、1 090 mg/L 和 1 059 mg/L。以 1 月 7—9 日倒灌盐水过境时为例,陈行水库站的谷值含氯度分别为 519 mg/L、779 mg/L 和 817 mg/L,3 d 的峰谷值之比分别为 1. 72、1. 4 和 1. 3。北支倒灌盐水过境时,倒灌水体在南支河段内来回游荡,含氯度峰谷值之比逐渐减小。同为 1999 年 1 月的外海盐水入侵时,陈行水库站含氯度峰谷值之比为 3. 6~6. 96,4 d 的峰谷值之比平均值达到 5. 28,而北支倒灌时,该站 3 d 的峰谷值之比仅为 1. 47。北支倒灌时,长江水源地附近全天的含氯度相对比较均匀,峰谷值之比较小。北支倒灌严重时,可能连续很多天取不到符合国家饮用水标准的长江水。从长江取水的角度来看,北支倒灌影响要比外海盐水直接入侵严重得多。

3.2　陈行水库前沿盐水入侵状况

长江原水厂 1993 年建成,投产至 2001 年已经历了 8 年,自从建厂开始,该厂就从水库前沿取样测量含氯度,积累了大量的原始资料。表 8-2 为每年 11—12 月,1—4 月水库前沿含氯度统计资料。8 年中实测最大含氯度为 2 180 mg/L,月平均最大含氯度为 888 mg/L,月平均最小含氯度为 14.4 mg/L。上述 48 个月中,月平均含氯度大于 100 mg/L 和 250 mg/L 的月数分别为 17 个月和 7 个月,占枯季的 35.4% 和 14.6%,占全年的 17.4% 和 7.3%。值得指出,1993 年 11 月至 1998 年 4 月,这 5 个枯季,月平均含氯度大于 100 mg/L 和 250 mg/L 的月数,仅为 5 个月和 1 个月,占枯季的 16.7% 和 3.3%。最近三年出现的月份数分别为 12 个月和 6 个月,占枯季的 66.7% 和 33.3%。近三年出现月平均 100 mg/L 和 250 mg/L 概率分别为前 5 年的 4 倍和 10 倍。由此可见,最近三年陈行水库前沿受盐水入侵的影响已经非常严重。

表 8-2　陈行水库前沿含氯度统计

时间 (年-月)	含氯度 平均值/ (mg/L)	含氯度 最大值/ (mg/L)	≥250 mg/L 小时数	≥400 mg/L 小时数	≥1 000 mg/L 小时数	大通站 月平均流量/ (m³/s)	肖龙港 潮差/ m
1993-11	26.00	42	0	0	0	26 000	3.331
1993-12	29.60	57	0	0	0	18 100	3.175
1994-01	26.80	56	0	0	0	11 771	3.292
1994-02	104.90	446	62	4	0	13 300	3.470
1994-03	58.50	327	23	0	0	16 723	3.482
1994-04	38.20	140	0	0	0	—	3.518
1994-11	14.40	48	0	0	0	26 200	3.473
1994-12	20.90	52	0	0	0	18 100	3.253
1995-01	18.50	46	0	0	0	17 167	3.272
1995-02	20.50	66	0	0	0	15 596	3.430
1995-03	19.20	48	0	0	0	19 529	3.516
1995-04	18.50	48	0	0	0	24 660	3.478
1995-11	23.30	86	0	0	0	19 556	3.441
1995-12	38.00	180	0	0	0	12 035	3.272
1996-01	68.40	300	42	0	0	10 723	3.211
1996-02	223.30	1 122	182	157	21	11 125	3.320
1996-03	414.20	1 356	403	317	59	11 613	3.203
1996-04	38.50	110	0	0	0	26 076	3.682
1996-11	26.00	54	0	0	0	23 506	3.503

续表 8-2

时间 （年-月）	含氯度 平均值/ （mg/L）	含氯度 最大值/ （mg/L）	≥250 mg/L 小时数	≥400 mg/L 小时数	≥1 000 mg/L 小时数	大通站 月平均流量/ （m³/s）	肖龙港 潮差/ m
1996-12	28.30	70	0	0	0	14 087	3.243
1997-01	59.60	282	6	0	0	10 536	3.216
1997-02	91.70	496	78	55	0	13 771	3.370
1997-03	157.90	1 050	111	15	0	14 870	
1997-04	50.80	126	0	0	0	25 910	
1997-11	105.50	320	42	0	0	18 046	3.672
1997-12	24.69	80	0	0	0	20 622	3.420
1998-01	37.64	72	0	0	0	24 634	
1998-02	36.28	78	0	0	0	22 492	
1998-03	38.57	72	0	0	0	132 474	
1998-04	39.33	78	0	0	0	29 310	
1998-11	41.46	192	0	0	0	18 956	
1998-12	197.60	1 108	152	112	4	11 248	
1999-01	345.60	1 024	357	278	2	9 385	3.518
1999-02	606.60	1 562	423	393	143	9 118	3.720
1999-03	888.00	2 180	660	551	293	10 285	4.035
1999-04	331.00	1 382	314	205	57	20 320	3.960
1999-11	35.76	158	0	0	0	24 913	3.818
1999-12	45.81	176	0	0	0	15 361	3.486
2000-01	91.70	529	54	26	0	12 662	3.472
2000-02	170.90	839	132	111	0	12 851	3.780
2000-03	164.50	588	198	78	0	19 029	3.964
2000-04	147.60	681	249	53	0	22 313	4.115
2000-11	21.78	68	0	0	0	33 053	3.735
2000-12	39.19	150	0	0	0	18 516	3.542
2001-01	127.67	596	171	99	0	15 355	3.789
2001-02	116.70	740	130	46	0	17 200	3.950
2001-03	353.97	1 347	340	258	74	15 080	4.150
2001-04	343.86	1 209	364	244	57	22 930	4.294

值得指出的是,最近三年除 1999 年大通站流量为这 8 年中最小外,其余两年大通站

流量属正常状况,尤其是 2001 年,按 8 年的丰枯年排序,排在丰水年的第 3 位,1996 年排在 8 年的第 2 位枯水年,1996 年和 2001 年出现的峰值含氯度相同,但是出现大于 250 mg/L、400 mg/L 和 1 000 mg/L 的小时数 2001 年要大于 1996 年。2001 年枯季流量大于 1996 年,盐水入侵状况比 1996 年入侵重是由于北支青龙港潮差大这一因素。1996 年枯季青龙港大潮差平均值为 3. 355 m,2001 年为 3. 91 m,2001 年青龙港潮差比 1996 年大 0. 555 m。

　　长江原水厂建厂 8 年来,全天含氯度超过 250 mg/L 的情况出现多次(见表 8-3)。用上述北支倒灌和外海盐水入侵特性来分析判断,该厂全天或连续数天取不到合格水时,均为北支倒灌盐水过境造成的。与月平均含氯度超过 100 mg/L 和 250 mg/L 的月数统计相似,最近三年出现含氯度超过 250 mg/L 的持续天数的次数也大幅度增加。1993 年冬至 1998 年春共出现 6 次,总天数 30 d。1998—2001 年春共出现 18 次,总天数 119 d。后 3 年出现次数为前 5 年的 3 倍,持续天数为 3. 97 倍。

表 8-3　陈行水库前沿含氯度超过 250 mg/L 持续天数统计

时间 (年-月-日)	持续 天数/d	潮差 ΔH/m	Q/ (m³/s)	$\dfrac{Q}{\Delta H^3}$/m	公式计算 天数/d	误差
1994-02-15—1994-02-16	2	2. 420	12 073	851. 9	0. 77	−1. 23
1996-02-03—1996-03-02	9	2. 539	10 343	641. 9	3. 15	−5. 85
1996-03-11—1996-03-17	7	2. 557	8 719	521. 5	6. 39	−0. 61
1996-03-22—1996-03-27	6	2. 570	11 837	697. 0	2. 08	−3. 92
1997-02-13—1997-02-14	2	2. 623	13 407	742. 9	1. 55	−0. 45
1997-03-13—1997-03-16	4	2. 776	13 973	653. 2	2. 75	−1. 25
1998-12-06—1998-12-11	6	2. 931	12 367	491. 2	7. 76	+1. 76
1999-01-06—1999-01-11	6	2. 603	9 416	533. 9	5. 91	−0. 09
1999-01-23—1999-01-29	7	2. 800	9 585	436. 6	11. 01	+4. 01
1999-02-04—1999-02-10	7	2. 774	9 831	460. 6	9. 44	+2. 44
1999-02-20—1999-03-16	25	2. 990	8 764	327. 9	22. 07	−2. 93
1999-03-20—1999-03-29	10	3. 000	10 460	387. 4	15. 08	+5. 08
1999-04-04—1999-04-09	6	2. 836	11 987	525. 5	6. 23	+0. 23
2000-02-23—2000-02-26	4	2. 831	12 800	564. 1	4. 87	+0. 87
2000-03-11—2000-03-13	3	3. 022	14 480	524. 7	6. 26	+3. 26
2000-03-24—2000-03-26	3	2. 922	21 790	873. 4	0. 67	−2. 33
2000-04-09—2000-04-11	3	3. 240	20 510	603. 0	3. 79	+0. 79

续表 8-3

时间 （年-月-日）	持续 天数/d	潮差 ΔH/m	Q/ （m³/s）	$\dfrac{Q}{\Delta H^3}$/m	公式计算 天数/d	误差
2001-01-12—2001-01-17	6	3.205	14 613	527.9	6.14	+0.14
2001-02-13—2001-02-14	2	3.000	18 440	683.0	2.27	+0.27
2001-02-28—2001-03-03	4	3.022	15 240	552.2	5.25	+1.25
2001-03-13—2001-03-18	6	3.085	14 740	502.0	7.24	+1.24
2001-03-26—2001-04-02	8	3.085	15 933	542.7	5.58	−2.42
2001-04-09—2001-04-15	7	3.163	20 227	639.2	3.01	−3.99
2001-04-25—2001-04-30	6	3.296	26 067	727.99	1.70	−4.30

表 8-4 列举了 4 组大通站流量相近的情况下,陈行(宝钢)水库前沿大于或等于 250 mg/L 持续天数的变化情况。表中青龙港潮差为大潮汛起连续 10 d 潮差的平均值,大通站流量为大潮汛前 7 d 和后 8 d,连续 15 d 的平均值。

表 8-4　大通站流量相同时陈行水库
前沿含氯度大于 250 mg/L 持续天数对比

时间（年-月-日）	≥250 mg/L 持续天数/d	青龙港潮差/m	大通站流量/（m³/s）
1987-01-16	0	2.223	9 188
1999-01-06—1999-01-11	6	2.803	9 416
1995-12-22	0	2.679	11 327
1994-02-15—1994-02-16	2	2.42	12 073
1998-12-06—1998-12-11	6	2.931	12 367
1995-02-15	0	2.652	14 350
2000-03-11—2000-03-13	3	3.022	14 880
2001-01-12—2001-01-12	6	3.205	14 613
2001-03-13—2001-03-18	6	3.085	14 740
1995-03-18	0	2.662	17 710
1995-03-01	0	2.566	19 587
2001-04-09—2001-04-15	7	3.163	20 227
2001-04-25—2001-04-30	6	3.296	26 067

表 8-4 中第 1 组数据表明,1987 年 1 月青龙港潮差仅为 2.223 m,大通站半个月平均流量为 9 188 m³/s,此时宝钢水库前沿含氯度未出现全天大于 250 mg/L 的情况。而大通站流量稍大的 1999 年 1 月上中旬,陈行水库前沿却出现了连续 6 d 含氯度大于 250 mg/L 的状况。表中第 2 组、第 3 组数据,大通站流量分别为 12 000 m³/s 和 14 500 m³/s 左右,1994 年和 1995 年时,含氯度大于 250 mg/L 的持续时间最长仅为 2 d,其余为 0 d。1998 年以后则增加为 3~6 d。第 4 组资料表明,1995 年 3 月大通站两次平均流量接近 18 000 m³/s 和 20 000 m³/s,青龙港潮差为 2.6 m 左右,陈行水库前沿均未出现含氯度全天大于 250 mg/L 的情况。而 2001 年 4 月,大通站两次平均流量达到 20 227 m³/s 和 26 067 m³/s,但陈行水库前沿却分别出现连续 7 d 和 6 d 含氯度大于 250 mg/L 的情况。同样是陈行(宝钢)水库前沿,1987 年初,大通流量仅为 9 188 m³/s,水库前沿未出现一天含氯度全天超过国家取水标准的情况,2001 年 4 月,大通站平均流量超过 26 000 m³/s,水库前沿却出现连续 6 d 不能取到合格水的情况。后者大通站流量比前者接近大 17 000 m³/s,受盐水入侵的影响却比前者大得多。相应于前者,青龙港站 10 d 涨潮差的平均值为 2.223 m,后者潮差为 3.296 m,后者潮差比前者增加 1 m 多。由此可见,陈行水库前沿盐水入侵状况,北支潮差大小(决定北支倒灌程度)的影响远大于上游流量的影响。近年来,青龙港站潮差大幅度增加,使上海长江水源区受盐水入侵的威胁日益严重。

3.3　长江水源地(宝钢水库)含氯度变化相关分析

上海市长江原水厂的陈行水库和宝钢水库仅一堤之隔,含氯度变化十分接近,本章统一分析。陈行(宝钢)水库在南支河段南岸水域,盐水入侵状况主要取决于北支倒灌过境盐水的影响。北支倒灌程度取决于长江上游流量、北支潮差、潮波变形和南北支的流量分配。由于河床与水流的相互作用,北支分流情况和潮波变化受到北支地形变化、北支上口与主流的交角、南北支交汇口上游干流的地形和水流指向等多种因素的影响,问题是十分复杂的。

根据实测资料分析,南支河段过境氯离子含量与上游流量一次方的 e 指数成反比,跟青龙港潮差的三次方的 e 指数成正比。20 世纪 80 年代北支倒灌强度有所减轻,1998 年以后,北支倒灌又有加强,反映了河床地形变化对水流的影响。南支河段氯离子变化的统计公式中,反映历年河床变化的因素最难确定。分析表明,北支口门附近 10 m 等深线的延伸长度和北支倒灌强度有良好的相关关系。70 年代北支倒灌强度大的时候,北支附近 10 m 等深线的延伸长度短,80 年代北支倒灌强度减弱,10 m 等深线延伸长度加大。80 年代末,北支口门附近 10 年等深线贯通,再用 10 m 等深线延伸长度来表达有些困难。为了与以前的研究保持一致,本章仍采用北支口门附近东经 121°05′以东,10 m 等深线长度 L 来表达地形变化对北支倒灌的影响(见表 8-5)。10 m 等深线贯通以后,假定 L 的长度为 30 km,90 年代北支倒灌加强以后,引入系数 K,这样就可把多年的资料统一到一个公式中,公式中的其他系数均与文献相同。经过实测资料分析以后,确定 70—80 年代 K = 1,90 年代 K = 0.555。

表 8-5　北支口门附近 10 m 等线长度 L 的变化

年份/年	1974	1975	1976	1977	1978	1979	1980	1981	1982
L/km	3.0	4.0	4.7	4.5	3.2	3.9	4.7	7.0	10.7
年份/年	1983	1984	1985	1986	1987	1988	1989—1997	1998	1999
L/km	11.0	12.0	15.8	18.71	19.8	24.0	30.0	26.5	26.5

3.3.1　陈行(宝钢)水库站的平均含氯度

北支倒灌盐水过境时,陈行水库含氯度与长江上游流量、北支潮差和北支附近 10 m 等深线的延伸长度 L 的相关关系见图 8-6,其相关公式为:

$$\overline{CL_B} = 10\ 100\left(-0.004\ 1KL^{0.4}\frac{Q}{\Delta H^3}\right) \tag{8-1}$$

式中　$\overline{CL_B}$——北支倒灌水团经过陈行水库时,最大 3 d 含氯度的平均值,mg/L;

　　　　K——反映地形变化的系数,80 年代 $K=1$,90 年代 $K=0.555$;

　　　　Q——大潮汛前一个星期,长江大通站流量的平均值,m^3/s;

　　　　ΔH——青龙港站大潮汛期间,最大 3 d 涨潮差平均值,m。

3.3.2　陈行水库站的最大含氯度

北支倒灌盐水经过陈行水库站时,最大含氯度和有关参数的相关曲线见图 8-7,相关公式为:

$$CL_{BM} = 10\ 200\left(-0.003\ 84KL^{0.4}\frac{Q}{\Delta H^3}\right) \tag{8-2}$$

式中　CL_{BM}——北支倒灌盐水过境时,陈行(宝钢)站出现的最大含氯度,mg/L;

　　　　其他符号意义同前。

3.3.3　陈行水库站含氯度大于 250 mg/L 的持续天数

长江口北支向南支河段倒灌盐水是在枯季大潮汛期间出现的。通常情况下,北支潮差大于 2.5~2.8 m,开始出现向南支倒灌的现象,潮差越大,倒灌量越多。随着北支倒灌水体进入南支,南支河段含氯度逐渐升高。潮差减小到 2.5 m 以下,北支又转变为向海净泄,南支河段的含氯度也随之降低,并完成一次北支倒灌盐水过程,如果南支河段上一次倒灌水体的含氯度尚未降到 250 mg/L 以下,由于第二次倒灌水体的影响,水体含氯度又处于增加过程,这种情况称为北支连续倒灌。因上海长江原水厂和宝钢均采用水库蓄水以避咸水,北支连续倒灌对工业和生活用水影响最大。鉴于北支连续倒灌的重要性,本节分析陈行水库站每次倒灌过程中,出现全天含氯度大于 250 mg/L 的天数。

表 8-3 为出现全天含氯度大于 250 mg/L 的天数仍然与上游大通站流量和北支青龙港站潮差密切相关。相关分析中,大通站流量采用大潮汛前 7 d 和大潮汛后 8 d,连续 15 d 大通站流量的平均值,青龙港潮差采用大潮汛起连续 20 个涨潮差的平均值。由此建立的相关关系如图 8-8 所示,其相关公式为:

$$D_x = 180\exp\left(-0.006\,4\,\frac{Q}{\Delta H^3}\right) \tag{8-3}$$

式中　Q——大潮汛前 7 d 和后 8 d 大通站流量;

　　　ΔH——青龙港潮汛期连续 10 d 涨潮差平均值;

　　　D_x——每次北支倒灌过程中,陈行水库站的含氯度全天大于 250 mg/L 的天数,形成连续倒灌时,天数累计。

第 4 节　长江水源地氯离子变化趋势分析

4.1　南水北调的影响

　　南水北调分别在长江下游、中游和上游规划了三个调水区,形成了南水北调工程的东线、中线和西线三条调水线路。东线第一期(应急)工程,在江苏省江水北调的基础上,利用江苏省泵站的空闲时间,向黄河以北或山东半岛送水 10 亿 m³ 左右,向天津供水 4 亿~5 亿 m³。第二期工程多年平均抽江水 90 亿~100 亿 m³,第三期工程多年平均抽江水 130 亿~170 亿 m³。中线工程多年平均调水量为 130 亿~140 亿 m³。西线工程初步规划年平均调水量为 120 亿~170 亿 m³。三线的总调水量为 380 亿~480 亿 m³,约占多年平均径流量 9 142 亿 m³ 的 5%。

　　西线在长江上游大渡河、雅砻江、通天河筑坝建水库后调水,处于规划阶段,2010—2015 年才基本具备开工建设的条件。在这之前,三峡工程已经建成投产,西线调水的影响反映在三峡水库的下泄流量上,三峡工程建成后,枯季将增加 1 000~2 000 m³/s 流量。从三峡工程的调蓄和西线开工建设的时间考虑,西线调水的影响可以不必考虑。

　　中线工程从汉江丹江口水库调水,汉江中下游水量,特别是中水流量将明显减小。丰水期、平水期长江流量较大,汉江调走的流量占长江总流量的百分比较小。汉江下游还有鄱阳湖等湖泊的调节作用,对下泄到长江口的流量影响甚小。中线调水工程在枯水期要满足汉江中下游水质、航运和灌溉的需要,枯季要保证 500 m³/s 的下泄流量。在特枯季节,汉江的下泄流量还稍有增加。总体来看,中线调水对长江口影响很小。

　　东线工程在长江下游江都抽水站取水,三期工程的取水量分别为 500 m³/s、700 m³/s 和 1 000 m³/s,东线调水,特别是枯季调水,对长江口影响是比较大的。本节主要分析东线调水工程对长江口盐水入侵的影响。利用相关式(8-1)~式(8-3),选择丰水、平水和枯水三种水文条件,预测调水后每次北支倒灌过程宝钢站的平均含氯度、最大含氯度和大于 250 mg/L 的持续天数等三个参数的变化情况。式(8-1)~式(8-2)中 Q 代表大潮汛前,大通站一个星期的平均流量,旬平均流量的统计值可以近似地表示该值的变化规律。长江大通站频率分别为 D_x%、50% 和 90% 的旬平均最小流量分别为 10 260 m³/s、8 350 m³/s 和 7 080 m³/s。公式中 10%、50% 和 90% 频率的潮差 ΔH 分别为 3.90 m、3.40 m 和 3.0 m,L 采用 90 年代长江北支口门附近 10 m 等深线连通时的 30 km。参照上述参数计算调水 500 m³/s、700 m³/s、1 000 m³/s 时,陈行水库站含氯度变化情况列于表 8-6。

表 8-6　南水北调后宝钢(陈行)站平均和最大含氯度变化　　　　　单位:mg/L

类别	调水情况		流量/(m³/s)								
			10 260			8 350			7 080		
			潮差 3.9 m	潮差 3.4 m	潮差 3.0 m	潮差 3.9 m	潮差 3.4 m	潮差 3.0 m	潮差 3.9 m	潮差 3.4 m	潮差 3.0 m
平均含氯度	调水前含氯度		2 178	998	347	2 898	1 535	650	3 504	2 044	987
	调水 500 m³/s	含氯度	2 347	1 117	411	3 123	1 718	766	3 776	2 288	1 163
		增加含氯度	169	119	64	225	183	116	272	244	176
		比调水前增加百分比/%	7.8	11.9	18.2	7.8	11.9	18.2	7.8	11.9	18.2
	调水 700 m³/s	含氯度	2 418	1 168	437	3 218	1 798	819	3 891	2 394	1 242
		增加含氯度	240	170	90	320	263	169	387	350	255
		比调水前增加百分比/%	11.0	17.0	25.9	11.0	17.0	25.9	11.0	17.0	25.9
	调水 1 000 m³/s	含氯度	2 530	1 250	482	3 366	1 923	903	4 070	2 562	1 371
		增加含氯度	352	252	135	468	388	253	566	518	384
		比调水前增加百分比/%	16.2	25.2	38.9	16.2	25.2	38.9	16.2	25.2	38.9
最大含氯度	调水前含氯度		2 425	1 167	434	3 168	1 747	782	3 784	2 285	1 155
	调水 500 m³/s	含氯度	2 601	1 297	507	3 398	1 942	912	4 059	2 539	1 347
		增加含氯度	176	130	73	230	195	130	275	254	192
		比调水前增加百分比/%	7.3	11.1	16.8	7.3	11.1	16.8	7.3	11.1	16.8
	调水 700 m³/s	含氯度	2 675	1 363	539	3 495	2 025	970	4 175	2 649	1 433
		增加含氯度	250	186	105	327	278	188	391	364	278
		比调水前增加百分比/%	10.3	15.9	24.2	10.3	15.9	24.2	10.3	15.9	24.2
	调水 1 000 m³/s	含氯度	2 789	1 441	591	3 645	2 158	1 063	4 354	2 822	1 571
		增加含氯度	364	274	157	477	411	281	570	537	416
		比调水前增加百分比/%	15.0	23.5	36.2	15.0	23.5	36.2	15.0	23.5	36.2

　　计算结果表明,调水 500 m³/s,陈行水库站平均含氯度增加 64~272 mg/L,即增加 7.8%~18.2%;调水 700 m³/s,增加 90~387 mg/L,即增加 11%~25.9%;调水 1 000 m³/s,增加 135~566 mg/L,即增加 16.2%~38.9%。调水后,陈行水库站最大含氯度的增加幅度与平均含氯度增加幅度比较接近。

　　陈行水库站每个潮汛含氯度大于 250 mg/L 持续天数计算公式中大通站流量 Q 和青龙港潮差 ΔH 的定义与公式(8-1)和式(8-2)中的 Q 和 ΔH 有些差异,后者 Q 为青龙港大潮汛前 7 d 大通站流量的平均值,前者为大潮汛前后 15 d 的平均值,后者 ΔH 是青龙港连续 6 个最大涨潮差的平均值,前者在上述 6 个涨潮差后再加上 14 个涨潮差的平均值。在预测大于 250 mg/L 持续天数时,大通站流量和青龙港站潮差均采用陈行水库最近 8 年来出现 24 次连续倒灌时的最大值、平均值和最小值,大通站流量分别为 26 070 m³/s、13 670 m³/s 和 8 720 m³/s,青龙港站潮差分别为 3.3 m、2.9 m 和 2.42 m。东线南水北调分别调水 500 m³/s、700 m³/s 和 1 000 m³/s 时,每个潮汛含氯度大于 250 mg/L 的持续天数计算结果见表 8-7。

表 8-7　调水前后陈行水库站含氯度大于 250 mg/L 持续天数的变化　　　　单位:d

类别	流量/(m³/s)								
	26 070			13 670			8 720		
	潮差 3.3/m	潮差 2.9/m	潮差 2.42/m	潮差 3.3/m	潮差 2.9/m	潮差 2.42/m	潮差 3.3/m	潮差 2.9/m	潮差 2.42/m
调水前	2	0	0	16	5	0	38	18	4
调水 500 m³/s	2	0	0	17	6	0	42	21	4
增加天数	0	0	0	+1	+1	0	+4	+3	0
调水 700 m³/s	2	0	0	18	6	1	43	22	5
增加天数	0	0	0	+2	+1	+1	+5	−4	+1
调水 1 000 m³/s	2	0	0	19	6	1	46	24	6
增加天数	0	0	0	+3	+1	+1	+8	+6	+2

　　表 8-7 显示,大潮汛前后半个月流量大于 26 000 m³/s 时,调水对含氯度大于 250 mg/L 的持续天数没有什么影响。大通站流量为 13 670 m³/s 时,调水对持续天数的影响为 0~3 d,调水影响不大。大通流量为 8 720 m³/s,调水后含氯度大于 250 mg/L 的持续天数增加 2~8 d。由此可见,大通站流量在 10 000 m³/s 以下时,东线南水北调工程对上海市长江水源区有一定的影响。

　　东线南水北调一期应急工程 2001 年和 2002 年两年进行工程建设,2003 年可投入运行。二期工程 2004 年和 2005 年初步设计和招标设计,2006—2010 年工程建设,二期工程投入运行时间在 2010 年以后。由表 8-7 可知,2010 年以前东线南水北调对上海长江水源区的影响比较小。

4.2　三峡工程调度运用的影响

三峡大坝坝顶高程 185 m,正常蓄水位 175 m,防洪限制水位 145 m。水库每年 5 月末至 6 月初,腾出防洪库容,降至汛期防洪限水位 145 m。汛期 6—9 月,水库一般维持低水值运行,下泄流量与上游来水相同。遭遇大洪水时,根据防洪要求,水库拦洪蓄水,洪峰后,水位仍降至 145 m 运行。汛末 10 月,水库充水,下泄量有些减少,水位逐步升高至175 m,只有出现枯水年,蓄水过程才会延续到 11 月。12 月至次年 4 月,水库尽量维持在较高水位,电站按电网调峰要求运行。1—4 月,当水库流量低于电站保证出力对流量的要求时,则动用调节库容,此时出库流量大于入库流量。三峡建坝后枯水年、中水年和丰水年大通站流量变化见表 8-8。

表 8-8 显示,枯水年 10 月和 11 月流量分别减少 32.4% 和 18.2%,大通站流量降至11 349 m³/s 和 13 332 m³/s。枯季的其他月份,大通站流量有些增加或者保持不变。中水年和丰水年 10 月大通站流量分别减少 20.3% 和 16.9%,大通站流量仍在 30 000 m³/s以上。由此可见,三峡大坝建成后,枯水年的 10 月和 11 月将对长江口盐水入侵产生不利影响,1—3 月,大通站流量有些增加,对减轻长江口盐水入侵有好处。12 月和 4 月,大坝建成前后流量变化不大,对长江口盐水入侵的影响可不予考虑。

表 8-8　三峡水库建成后枯水年、中水年和丰水年大通站流量变化

典型年	项目	6—9 月	10 月	11 月	12 月	次年 1 月	次年 2 月	次年 3 月	次年 4 月	次年 5 月
枯水年 (1959—1960 年)	建库前/ (m³/s)	不变	16 800	16 300	11 800	9 200	8 090	14 300	20 700	31 000
	建库后/ (m³/s)		11 349	13 332	11 800	10 735	10 070	16 051	21 702	31 000
	+(增加) -(减少)/%		-32.4	-18.2	0	+16.7	-24.3	+12.2	+0.7	0
中水年 (1950—1951 年)	建库前/ (m³/s)	不变	41 500	29 600	13 600	9 430	9 000	13 300	27 500	39 400
	建库后/ (m³/s)		33 083	29 600	13 600	10 701	10 788	15 121	27 303	40 983
	+(增加) -(减少)/%		-20.3	0	0	+13.5	-19.9	+13.7	+0.7	+4.0

续表 8-8

典型年	项目	6—9月	10月	11月	12月	次年1月	次年2月	次年3月	次年4月	次年5月
丰水年(1949—1950年)	建库前/(m³/s)	不变	49 900	39 900	24 400	17 400	19 400	14 400	24 800	32 100
	建库后/(m³/s)		41 483	39 900	24 400	17 843	20 396	15 243	23 772	37 114
	+(增加)-(减少)/%		-16.9	0	0	+2.5	+5.1	+5.8	-4.1	+15.6
多年月平均流量	建库前/(m³/s)	不变	36 010	24 880	14 710	10 630	10 710	14 420	22 260	34 690
	建库后/(m³/s)		30 490	24 180	13 990	11 200	11 860	15 080	21 890	38 450
	+(增加)-(减少)/%		-15.3	-2.8	-4.9	+5.1	-10.7	+4.6	-1.7	+10.8

利用公式(8-1)~式(8-2)计算典型枯水年(1959—1960年)三峡大坝建成前后典型枯水年10月和11月含氯度变化见表8-9。

表 8-9　典型枯水年(1959—1960年)三峡大坝建成前后10月和11月含氯度变化　　单位:mg/L

类别	工程状况	10月			11月		
		潮差/m					
		3.9	3.4	3.0	3.9	3.4	3.0
平均天数	建库前 10月 16 800 m³/s 11月 16 300 m³/s	819	228	40	882	255	48
	建库后 10月 11 349 m³/s 11月 13 332 m³/s	1 851	780	243	1 376	498	127
最大含氯度	建库前	972	293	58	1 043	326	67
	建库后	2 084	928	311	1 579	611	169

三峡大坝建成前后含氯度超过 250 mg/L 的持续天数变化计算结果见表 8-10。

表 8-10　三峡大坝建成前后含氯度超过 250 mg/L 持续天数变化　　单位:d

工程状况	10 月			11 月		
	潮差/m					
	3.30	2.90	2.42	3.30	2.90	2.42
建库前 10 月 16 800 m^3/s 11 月 16 300 m^3/s	9	2	0	10	2	0
建库后 10 月 11 349 m^3/s 11 月 13 332 m^3/s	24	9	1	17	5	0
增加天数	15	7	1	7	3	0

表 8-9 和表 8-10 的计算结果表明,典型枯水年 10 月和 11 月,三峡水库蓄水对长江盐水入侵产生很大影响,尤其是 10 月,含氯度可增加 1~5 倍,大于 250 mg/L 的持续天数最大可增加 15 d。在长江口北支整治以前,典型枯水年 10—11 月三峡工程蓄水对长江口盐水入侵的影响,特别是 10 月,上游流量调蓄幅度大,又是一年中天文潮最大的时期,三峡蓄水影响更大,这一问题值得引起重视。

4.3　长江口深水入海航道对盐水入侵的影响

长江口深水入海航道整治工程位于长江口南港北槽,航道设计水深 12.5 m,航道底宽为 300~400 m,整个工程分三期,第一期工程航道水深 8.5 m,已经于 2000 年上半年建成,第二期工程将航道全部浚深至 10 m,第三期将航道全部疏浚到 12.5 m 水深。

水利部上海勘测设计研究院平面二维数学模型计算表明,工程后长江口北槽上段含氯度明显增加,中段以下含氯度接近口外,变幅不大;工程后南港含氯度有些增加,但越向上游增加值越小;工程后七丫口、宝钢、堡镇、南门等地含氯度几乎无变化,说明深水航道整治工程对上海市长江水源地不会产生明显的影响。值得指出的是,深水航道工程增加的是长江口外海盐水直接入侵,对北支倒灌盐水过境不会产生多大影响。长江口外海盐水直接入侵时,迄今为止在长江水源地还未出现过含氯度全天大于 250 mg/L 的情况,因此即使含氯度有些增加,对长江水源地取用合格原水的影响可以忽略不计。

4.4　北支演变的影响

本章已经对北支盐水倒灌对长江水源地的影响作过较多评述,该地氯化物含量大于 250 mg/L 持续天数等因素,均与上游大通站流量一次方的 e 指数成正比,与北支青龙港潮差三次方的 e 指数成反比。长江大通站流量有丰水、中水、枯水之分,从该站几十年的统计资料来看,流量没有单向增加或单向减少的情况发生,年平均流量的变化幅度也不大。鉴于氯化物大小仅与流量的一次方成比例,加之它本身没有单向发展趋势,大通流量变化对水源地长期变化趋势有一定作用,但不是控制长期变化趋势的最重要因素。

　　北支青龙港潮差大小主要取决于北支潮波反射,反射大的年份,青龙港潮差大,反之,则青龙港潮差小。北支潮波反射取决于北支上口潮波受阻情况。统计青龙港每年2月两个大潮汛期间最大的连续6个涨潮差,将12个潮差平均,用同样方法统计中浚站历年的预报值。中浚站位于长江口外开阔地段,受地形变化影响比较小,潮差大小的变化可以反映天文潮变化。1967年以来,两站的统计结果见表8-11和图8-4。

表 8-11　每年 2 月青龙港实测和中浚预报的两个潮汛最大 12 个涨潮差平均值统计

(1967—2001 年)

年份	青龙港	中浚	年份	青龙港	中浚	年份	青龙港	中浚
1967	3.21	3.67	1982	3.37	3.35	1997	3.37	3.32
1968	3.29	3.55	1983	3.34	3.26	1998	3.87	3.32
1969	3.23	3.37	1984	3.16	3.21	1999	3.72	3.32
1970	3.33	3.73	1985	3.15	3.15	2000	3.78	3.29
1971	3.33	3.78	1986	3.15	3.15	2001	3.95	3.31
1972	3.32	3.62	1987	3.30	3.28			
1973	3.68	3.68	1988	3.27	3.26			
1974	3.69	3.80	1989	3.32	3.23			
1975	3.51	3.52	1990	3.42	3.32			
1976	3.26	3.27	1991	3.41	3.36			
1977	3.04	3.35	1992	3.20	3.22			
1978	3.47	3.38	1993	3.21	3.34			
1979	3.56	3.40	1994	3.47	3.38			
1980	3.31	3.30	1995	3.43	3.39			
1981	3.22	3.25	1996	3.32	3.35			

　　表8-11可以分为1977年以前和1977年以后两个阶段。1977年以前中浚预报潮差均大于或等于青龙港实测潮差,1971—1972年,青龙港上游江心洲北汊建立新坝,切断了北支潮波直接向上传播的通道,北支潮波反射加剧,1973年起青龙港潮差明显加大,1967—1972年,中浚平均预报潮差比青龙港潮差大0.335 m,1973—1977年,仅大0.088 m。1978—2001年,除1981年、1984年、1992年、1993年和1996年外,青龙港潮差均大于中浚预报潮差,1978年长江流域大旱,北支分流量迅速减少,北支上口迅速淤浅,有的断面低潮位下最大水深仅为0.5 m,潮波反射进一步加大,使青龙港实测潮差大于中浚预报潮差。青龙港潮差增大和大通站出现的历史上少见枯水流量,使长江口出现了历史上少有盐水入侵的侵害。

20 世纪 80 年代中期,北支分流量稍有增加,南北支汇潮点移向北支青龙港附近,这一时期青龙港实测潮差和中浚预报潮差甚为接近,北支向南支倒灌盐水也比较弱,这种情况一直持续到 1998 年初。1998 年长江流域特大洪水,当年北支上口附近圩角沙和灵甸沙的围垦,北支上口进一步缩窄,北支进入南支的交角进一步加大,潮波反射剧烈增加。1978—1997 年,青龙港潮差比中浚预报潮差平均大 0.025 m,1998—2001 年,青龙港潮差比中浚大 0.5 m。青龙港潮差大幅度增加,造成近年上海长江水源地受盐水入侵侵害日益严重的局面。特别值得一提的是,2001 年 4 月下旬大通站流量达 26 000 m³/s,陈行水厂仍有连续 6 d 不能取到合格的长江水。上述青龙港潮差变化和陈行水厂实测的含氯度资料均表明,现在是长江口水源地历史上盐水入侵最严重的时期。近年来,长江口没有实测到历史上出现的最大含氯度值,是因为近年来长江大通站流量相对比较大。如果 2001 年大通站流量小于 10 000 m³/s,盐水入侵的状况要严重得多。

综上所述,平水年和丰水年枯季,南水北调对长江水源地大于 250 mg/L 持续天数影响很小,枯水年调水对上海长江水源地有一定的影响。三峡工程调度除特枯年的 10 月和 11 月,对长江水源地有明显影响外,长江枯水季节三峡工程调度运用将增加 1 000~2 000 m³/s 的流量,特别是枯水年,增加的流量均在 1 500 m³/s 以上。南水北调工程和三峡工程都投入使用后,2010 年以前,东线调水量小于 700 m³/s,枯水年进入长江口的流量将增加 800 m³/s 左右,对减轻长江口盐水入侵的影响是有利的。三峡工程特枯年的调度可适当提前蓄水,以减轻对河口地区的影响。

北支倒灌对长江水源地的影响很大,现在是北支倒灌最严重的时期。北支青龙港以上 0 m 以下河槽容积仅为 0.22 亿 m³,而且仍在不断淤积之中。北支上口的淤积一方面使河床阻力加大,增加北支上口潮差,从而增加北支倒灌到南支的盐水量;另一方面,河床断面缩小后,倒灌的水量也要减少,两个势力相互消长,总有一天北支倒灌将趋于减少,北支自然演变对长江口盐水入侵的影响值得关注。

第 5 节　减轻盐水入侵对长江水源地影响的对策

5.1　上海长江水源的合理配置

5.1.1　上海长江水源概况

上海市直接在长江引水主要有宝钢水库和上海市长江原水厂的陈行水库。

宝钢水库位于浏河口下游长江边滩上,是宝钢生产和生活的供水源。宝钢水库平均水面积 164.2 万 m²,总库容 1 200 万 m³,有效库容超过 1 000 万 m³。水库采用 6 台混流式水泵,总装机容量 4 800 kW,总取水量 42 m³/s。宝钢水库 1985 年建成投产,日均供水量约 25 万 m³,枯季日供水量约 20 万 m³。水库采用“避咸蓄淡”的运行方式,水库设计水体含氯度平均小于 50 mg/L,枯水最大不超过 200 mg/L。

陈行水库位于宝钢水库上游侧,两水库取水口相距 1.0 km。陈行水库水面面积 135 万 m²,总库容 830 万 m³。设计夏季最大日供水 130 万 m³,冬季最大日供水能力 83.3 万 m³,供水时水库出水体含氯度要求小于 250 mg/L。宝钢水库投入运行 16 年以来,1999 年

2—3月曾连续25 d不能取到合格水,当年宝钢水库实际最大的使用库容500万 m^3,过去16年中,宝钢水库在最不利的情况下,尚有500多万 m^3 富裕的有效库容。

陈行水库1999年2—3月连续25 d取不到合格水时,每天出厂水量仍维持50万~60万 m^3,陈行水库有效库容无法满足25 d不取水的要求,在这期间水厂被迫取用不合格长江水。当年水厂出水氯度大于250 mg/L的时间近1 400 h,大于300 mg/L的为900 h,大于350 mg/L的也达600 h。原水厂含氯度超标时间接近2个月,上海有关地区市民不得不在将近2个月时间内饮用咸水,对健康造成一定的伤害,对于上海这样的国际大都市,这个问题值得重视。

5.1.2 上海长江水源的合理配置

上海长江水源区筑有宝钢和陈行两水库避咸蓄淡供北支倒灌盐水入侵过境时用。陈行水库枯季日供水量为50万~60万 m^3,库容仅为830万 m^3。宝钢水库日供水量为20万 m^3,库容为1 200万 m^3。北支倒灌严重的年份,陈行水库因供水量大、库容小,被迫取用超标咸水,使上海市民饮用咸水。宝钢水库库容大、供水量小,过去16年中,在最不利情况下,尚有500万 m^3 富裕库容。宝钢和陈行水库两者紧邻,中间共用一条隔堤。合理借用宝钢水库的富裕水,陈行水库出水含氯度可以降低,市民饮用咸水的时间也可以缩短。

以1999年北支倒灌比较严重的年份为例,当年1月底之前,出厂水超标时间仅为100 h,问题不大。1999年2月4日,陈行取水口附近氯化物升高到800多 mg/L,当天取水近60万 m^3,出厂水含氯度从2月4日的220 mg/L升至2月5日的280 mg/L左右。2月5—9日,5 d内陈行水库基本停止取水,水库水位从6.51 m逐渐降至3.39 m,2月10日,陈行水库被迫取用含氯度为600 mg/L的长江水109万 m^3,其后两天出厂水最大含氯度升高到310 mg/L以上。如果2月4日借用宝钢水库60万 m^3 低氯度水,陈行水库水体起码能保持220 mg/L的含氯度,而不会超标供水。2月10日,陈行水库取用600 mg/L含氯度的长江水时,同时借用宝钢水库80万 m^3 的低氯度水体,陈行水库减少取用高含氯度的水量,考虑宝钢水库水体含氯度为50 mg/L,两者掺混后,进入陈行水库水体的含氯度仅为300多 mg/L。这样,含氯度水体进入陈行水库后,再和水库原有水体掺混,这段时间陈行水库含氯度超标供水是完全可以避免的,2月13日以后,陈行水库取水口含氯度从100多 mg/L减少为50 mg/L左右,陈行水库出水含氯度也逐渐减少至100 mg/L以下。宝钢水库利用取水口附近含氯度比较低的时机,开泵重新充满水库。采用这个方法,1999年2月中旬以前,陈行水库完全可以避免超标供水。

2月20日起,陈行水库前沿又经历了严重的盐水入侵的影响,2月20日,陈行水库取用含氯度为600 mg/L左右的水体55万 m^3,出水含氯度从100 mg/L增加到160 mg/L左右,2月21—27日11:00,陈行水库基本停止取水,期间含氯度变化不大。2月20日00:00至2月27日11:00,水库水位从6.95 m降至3.2 m,陈行水库接近死库容,27日12:00—24:00被迫取用含氯度达1 000 mg/L左右的水体33万 m^3,28日又取用含氯度为800 mg/L的水体65万 m^3,2 d共取用高含氯度水体近100万 m^3,陈行水库供水含氯度从160 mg/L迅速增加至380 mg/L左右。如果2月27日至3月1日借用宝钢水库低含氯度水体150万 m^3,陈行水库水体所含氯度仍能保持160 mg/L左右。3月2—4日,陈行水库含氯度降为440~315 mg/L。按照预测陈行水库前沿,会再次出现高含氯度情况,利用3

月 2—4 日 3 d 陈行水库每天取水 150 万 m³,同时借用宝钢水库水体 250 万~300 万 m³,两者掺混后,进入陈行水库水体的含氯度应该在 250 mg/L 以下。这期间陈行水库共向宝钢水库供水 400 万~450 万 m³,小于其富余库容 500 万 m³。

3 月 5 日 12:00 至 14 日 09:00,由于受高含氯度影响,陈行水库再次停止取水,水库水位从 7.05 m 降至 3.16 m。3 月 14 日 00:00 起,陈行水库再次被迫取水。此时,水库前沿含氯度为 600 mg/L,3 月 14 日 10:00—16 日,水库前沿含氯度从 600 mg/L 降至 250 mg/L 以下。如果考虑宝钢水库富裕库容已不多,这段时间陈行水库不再向宝钢水库借水。3 月 14 日 10:00,水库水位为 3.16 m,水库尚有 200 多万 m³ 水量,其含氯度为 160 mg/L,如果三天也取水 200 多万 m³,3 d 平均取水含氯度为 450 mg/L,与水库原有水体掺混后,出厂水含氯度为 300 mg/L 左右。3 月 17—18 日,陈行水库前沿所含氯度为 200 mg/L 左右,陈行水库开足马力,2 d 取水 320 万 m³,3 月 19 日,水库前沿含氯度大部分时间在 200 mg/L 以下,再取水 100 万 m³。同时,宝钢利用其每天最大取水 360 万 m³ 的优势,2 d 可补充 700 万 m³ 水量,考虑宝钢水库内原有低氯度水体,掺混后,宝钢水库水体含氯度应在 200 mg/L 以下。陈行水库经过取水 400 多万 m³ 低氯水体后,水库水体的含氯度也应在 250 mg/L 以下。

3 月 21—29 日,陈行水库再次停止取水,3 月 30 日,陈行水库前沿含氯度已降到 300 mg/L 以下,已基本上可以取到合格水体了。

综上所述,陈行水库向宝钢水库借水冲淡取用的高氯度水体,1999 年,陈行水库近两个月出厂水不合格的时间可以降到 5 d 以内。

5.1.3　上海长江原水合理配置的可行性

1999 年 2—3 月,宝钢和陈行水库水源配置,在已经发生的盐水入侵过程基础上,对两个水库的水资源作合理的调配。如果真正实施上海长江原水合理配置,既要减少陈行水库出水氯离子含量超标时间和超标的量值,又要保证宝钢枯季用水最大含氯度不超过 200 mg/L,全年平均含氯度不超过 50 mg/L 的要求,需要对大通流量和青龙港潮差作可靠的预测。

陈行(宝钢)水库前沿含氯度大小及持续时间均与大通站流量一次方的 e 指数成反比,跟青龙港潮差三次方的 e 指数成正比。长江水利委员会掌握着长江流域大量的水文资料,长江枯水季节大通站流量受突发的气象影响比较小,半个月至一个月的短期预报应该是比较正确的。青龙港站潮差最近 40 多年来一直是增长趋势。先采用本章常用的每个潮汛连续 6 个最大涨潮差平均值,再将每年枯季 1—4 月的 8 个值加以平均,1955 年以来潮差与年度的关系:

$$Y = 0.0099X - 16.247 \tag{8-4}$$

式中　X——年份;

　　　Y——当年枯季平均潮差,m。

公式(8-4)表明,40 多年来,青龙港枯季平均潮差以每年 0.01 m 的速度增加。北支几十年来分流量不断减少,北支上口与干流的交角逐渐加大,潮波反射加剧等因素是青龙港潮差呈增长趋势的主要原因。近三年来青龙港潮差增加有加剧的趋势。因此,预报青龙港潮差必须逐年进行,而且要用最近年份的资料长江口其他潮位站作类比分析,利用其他站的天文预报,才能作出比较正确的预报。

受天文潮的影响,青龙港站每月两次的大潮汛平均涨潮差,一般都有大小之分。根据最近 15 年 1—4 月 120 个大潮汛涨潮差资料统计,每月 2 个潮汛涨潮差之差大于 0.3 m 的有 46 次,占全部月份的 77%;大于 0.5 m 的有 21 次,占 35%。预报的青龙港潮差,除潮差大小外,连续两个大潮汛之间的潮差之差的大小,对判断是否产生北支连续倒灌有较大作用。如果一个月内两次大潮汛的潮差相差较大,则产生连续倒灌的可能性较小。根据预报大通站流量资料和青龙港潮差,利用公式(8-3)可以计算陈行水库前沿连续不能取水的天数。如果预报值小于 40 d,可以借用宝钢水库的水冲淡陈行水库取用的高含氯度水体;如果预报值超过 45 d,为保证宝钢用水安全,借用宝钢水库的水应慎重对待。

根据 40 多年青龙港站实测潮差的统计,青龙港 1 月多年平均大潮汛涨潮差为 3.13 m,2 月为 3.314 m,3 月为 3.491 m,4 月为 3.543 m。由此可见,青龙港站 1 月潮差最小,4 月潮差最大,两者相差 0.36 m。就全年来看,农历秋分和春分时潮差最大,即每年 9—10 月和 4 月,潮差最大,如果这个季节遭遇枯水流量,盐水入侵相对要严重得多。

陈行水库前沿经历连续的北支倒灌影响时,虽然连续几十天含氯度超标,但含氯度仍有峰谷值之分。仍以 1999 年 2—3 月为例,2 月 22—27 日长江水源地含氯大部分时间超标 1 000 mg/L,最大超过 1 500 mg/L,2 月 28 日至 3 月 2 日,含氯度逐渐从 800 mg/L 减少到 400 mg/L 以下,3 月 3—4 日,含氯度基本维持在 300~400 mg/L,此时是陈行水库最佳的补水和借用宝钢水的时间。3 月 5 日起,含氯度迅速增加,3 月 6—12 日,含氯度保持在 1 000 mg/L 以上,最大含氯度接近 2 000 mg/L,3 月 13—16 日,含氯度迅速减少,3 月 17—19 日 3 d 陈行水库前沿含氯度降至 250 mg/L 以下,这 3 d 陈行和宝钢水库都必须开足马力补水。3 月 20 日以后,陈行水库前沿又经历一次严重的盐水入侵,最大含氯度超过 2 000 mg/L。

利用两次盐水入侵之间的含氯度谷值进行补水和借用宝钢水冲淡陈行水库抽取的相对较高的含氯度水体,是上海长江原水合理配置的基本原则。

陈行水库最低取水位定在 3.16 m 左右,此时库内尚有 300 万 m³ 左右存量水体。采取适当措施将最低取水位降至 2.5 m 左右,可以推迟 1—2 d 取用高氯度水体。例如,1999 年 2 月 27 日 10:00 开始取水时,陈行水库前沿含氯度还在 1 000 mg/L 以上,如果 3 月 1 日开始取水,则可以取到含氯度小于 600 mg/L 的水体。相同的情况发生在 3 月中旬,3 月 14 日陈行水库取水含氯度超过 600 mg/L,如果 3 月 16 日以后开始取水,则可取到含氯度小于 400 mg/L 的水体。充分利用陈行水库的库容,可减轻盐水入侵的影响。

本章导得的公式(8-3),可以计算陈行水库前沿含氯度超过 250 mg/L 的持续天数,因此可以对水库进行更好的调度。

第9章　长江口茜泾附近水质分析[❶]

第1节　概　述

宝钢工业用水水源问题经过多次论证,仍拟采用长江水作为第二水源。但在上海市范围内,宝钢附近的长江岸线十分紧张,难于安排蓄水量达 1 000 m³ 左右的水库岸线。现在宝钢指挥部初步选定太仓县茜泾公社马桥大队旁边的长江岸滩作为长江水源的蓄水库址。茜泾公社马桥大队位于原设想水库库址陈行外圩上游约 8 km,茜泾附近的长江水质理应与陈行外圩的长江水质有所不同。为此,宝钢指挥部委托南京水利科学研究院对茜泾附近长江水源水质做些定量和定性分析。

鉴于茜泾附近没有任何实测氯度资料,本章只能根据吴淞站长期氯度资料以及浏河闸下、南门、堡镇和石洞口等站的氯度资料,对茜泾附近的水质和发展趋势做些初步的定性分析和评解,待有茜泾附近实测资料后再行修正。

第2节　茜泾附近氯度变化特点

在本书《长江口南支河段水质分析》(简称《水质分析》)中,我们已经指出,浏河口(靠近茜泾)测站位于南支河段中段。小潮汛时,盐水入侵从下游方向来,大潮汛时,受北支倒灌影响,盐水入侵来自上游方向,由于浏河口附近氯离子来自上下游两个方向,这样就会出现氯离子来回游荡、扩散和稀释的现象,因此浏河口附近长江岸边氯度日内变化幅度较小,这种规律已经为实测资料所证实。长江浏河口站,1979 年2月28至3月1日,大潮汛28 h 内实测氯度变化范围为 606~886 PPM,变化幅度为 46%,同期上游七丫口站氯度变化范围为 444~1 243 PPM,变化幅度为 180%,七丫口站的氯度变化幅度约比浏河口站大 3 倍。1979 年3月8—9 日,小汛期间浏河口站氯度变化范围为 1 532~1 985 PPM,变化幅度为 30%,下游吴淞口站,同期氯度变化范围为 760~3 280 PPM,变化幅度为330%,吴淞口氯度变化幅度远大于浏河口,因为吴淞口氯度变化受到黄浦江上游下泄径流的影响,其氯度变幅偏大,浏河口下游石洞口站,同期氯度变化范围为 1 819~2 921PPM,变化幅度为 60%,也比浏河口大 1 倍。

再拿浏河闸下资料来看,该站每天高低潮位时测量两次氯度,实测 343 d 资料中,339d 高低潮氯度之差不超过 100 PPM,其中极大部分测次高低潮氯度之差不超过 10%。虽然浏河闸下氯度资料与长江干流资料有所不同,但在定性上说明,浏河口附近氯度日内变化是不大的。

---

❶　本章由韩乃斌编写。

　　浏河闸下和吴淞口资料对比表明,吴淞口氯度起伏比较大。例如,1980年2月吴淞口最大氯度为2 900 PPM,最小氯度为84 PPM,变幅为34.5倍,同期,浏河闸下最大氯度为779.2PPM,最小氯度为99.9 PPM,变幅仅为7.8倍,同时,浏河闸下的氯度变化要比吴淞口迟后3~4 d,例如,1980年1月下旬,吴淞口连续4 d日平均氯度大于500 PPM以后,浏河闸下才出现大于200 PPM氯度,而吴淞口平均氯度小于200 PPM 1~2 d后,浏河闸下还会出现大于200 PPM氯度。

　　综上所述,浏河口附近氯度变化不大,因此在茜泾建库蓄水,投机取水的可能性比较小,在茜泾附近,往往会出现这种情况,能取水时全天都能取到合格水;不能取水时,全天都不能取到合格水,这样在茜泾附近建库蓄水,没有必要把取水泵站的能力搞得很大。

第3节　水库容积的考虑

　　在本书第3章中,我们利用吴淞口资料,按每天取水时间为2 h和4 h两种情况,在流量频率为95%~97%时,用皮尔逊-Ⅲ型曲线计算,连续不能取水的天数分别为35~46 d和42~56 d,在流量保证率为97%、每天取水2 h的情况下,推荐水库容积为40 d钢厂用水量。

　　现在长江水原水库位置已经移到浏河口上游茜泾公社范围内,水库位置与吴淞口之间的距离更加大了,这就有必要分析一下茜泾附近与吴淞口水质的差异。从定性来看,愈往上游,水质愈好,尤其在没有北支倒灌这个因素时,氯度向上游递减更是客观规律。在有北支倒灌的情况下,枯季大潮会出现上游氯度大、下游氯度小的反常现象。然而,这种反常现象只有在具备下列两个条件时才会出现,即倒灌水量要大,倒灌水流中氯离子含量要高。以往的资料分析表明,潮差大于2.5 m才会出现倒灌,潮差大于3 m,倒灌现象才较为严重,我们已经知道,潮差小于2.5 m的频率达54%,潮差大于3 m的频率不到20%。这样看来,即使倒灌水流中氯离子含量较高,也只有20%左右时间会出现上游氯度高、下游氯度低的现象,20%的时间可能会出现上下游氯度相当的情况,其余60%的时间应该是上游氯度低、下游氯度高的正常情况。从仅有的1980年和1981年资料来看,浏河口连续不能取水的天数比吴淞口少,也证明了浏河口附近水质比吴淞口好。

　　值得进一步指出的是,浏河口附近位于南支中段,浏河口到北支口和浏河口到吴淞口,低潮位下河槽容积分别为20亿 m^3 和21.5亿 m^3 ,从两个方向来的氯离子经20亿 m^3 左右的河水稀释后,氯离子含量会有所降低,同时要提高20亿 m^3 左右河水的氯离子含量需要时间,因此浏河口附近氯离子变化比上下游迟后,这样就会出现下列两种情况,枯季流量较大的年份,超过200 PPM,氯度会影响下游吴淞口测站,氯离子在向上游运动过程中逐渐稀释,到达浏河口附近,氯离子降低到200 PPM以下,在这样的年份,北支本身氯离子不高,倒灌的影响也不大,浏河口附近水质一直比较好,例如,1981年和1982年就属于这种情况,在特别干旱年份,北支倒灌较为严重,下游盐水入侵也能到达南支中段,氯离子从上下游两个方向进入南支中段后,有可能使南支中段持续出现氯离子大于200 PPM的情况。在这种年份,浏河口附近氯度峰值实测结果要比吴淞口小得多,由于投机取水概率较小,连续不能取水的天数虽然比吴淞口少一些,但仍有相当长的一段时间不能连续取水,1979年就属于这种情况,如果要达到规定的水质标准,在流量保证率为97%时,水库容积不能做得太小。

如果用吴淞水厂资料代替茜泾附近水质资料做长江水源的库容分析,考虑到投机取水的可能性小,选用有效取水时间2 h资料,算出的库容会偏小。选用吴淞口有效取水时间为4 h的资料,并考虑茜泾附近水质实际上比吴淞口好一些,因而计算结果作适当的修正,这样算出的库容更合理一些。

如上所述,在有效取水时间为4 h,流量保证率为95%~97%时,吴淞口连续不能取水的时间为42~56 d。考虑到吴淞口与茜泾之间的水质差异,在流量保证率为97%时,本章推荐茜泾附近长江水源库容为蓄水50 d的用水量。由于茜泾附近投机取水机会较少,50 d用水量库容可以代表6 h、8 h,甚至更长时间有效取水库容。

第4节　水质的变化趋势

茜泾位于长江口南支河段,正如第3章中指出的,影响南支河段氯度变化的主要因素是上游径流和北支倒灌到南支的水量,另外还有值得一提的因素是南北港水流交换。上游径流变化受制于水文气象因素,在目前的科学技术条件下,难于作出长期预测。当然,上游分流,如南水北调和三峡建坝筑库等工程对河口的水质是有影响的,有关这方面问题,第3章中已经介绍过,本章不再赘述。

关于北支倒灌问题,在第3章中也已经作过专门分析,并指出,北支倒灌最严重时期已经过去,今后趋向好转。如上所述,南支水质受北支倒灌影响的大小,是由两个因素决定的,一是倒灌水量的大小,二是倒灌水体中的含盐度。例如,青龙港潮差为3.3 m,每潮倒灌量约1亿 m^3,一天两潮倒灌水量为2亿 m^3,如果同期上游流量为8 000 m^3/s,则一天的径流量为6.9亿 m^3。如果同期上游径流量的1/3.5。若倒灌水体含盐度为20‰(即含氯度为11 060 PPM),并假定倒灌水体中的氯离子用来提高上游径流中的含氯度,则上游来的径流氯度将提高到2 485 PPM。如果倒灌水流含盐度为5‰,则上游来的径流氯度只提高到621 PPM。实际上,倒灌水流中的氯离子还要和南支河段容蓄的水体掺混,掺混过程在断面上也是不一致的,问题比所举例子复杂得多。如果我们进一步假定倒灌水体和上游径流及浏河与北支口之间低潮位下20亿 m^3 的河槽容蓄水体均匀掺混,则2亿 m^3 含盐度为20‰的倒灌水体,也能使上述水体氯度提高到765 PPM,当倒灌水流的含盐度为5‰时,则容蓄水体的氯度只提高到191 PPM。同理,如果倒灌水量减小一半,则南支增加的氯度也会减少一半。在第3章中已经指出,随着北支趋向衰亡,倒灌水量在逐渐减少。同时,随着南北支汇流点向北支下游方向移动,南支低氯水流进入北支,北支倒灌水流中的含氯度也会逐渐降低,因此北支倒灌对南支水质的影响会逐渐减小。

关于南北港水流交换对南支氯度变化的影响,现在没有可靠的资料来说明这个问题。值得指出的是,同一断面上的北港堡镇和南港吴淞相比,枯季,堡镇的氯度一般比吴淞高。这是由两个原因造成的:第一,长江口外冬季为苏北沿岸流所控制,苏北沿岸流先经北港,后到南港,因此北港口外含盐度比南港口外高;第二,枯季上游径流量小,径流作用减弱,外海盐水入侵作用增强,堡镇与口外10 m等深距离比吴淞口短24 km,北港盐水入侵快、氯度高,这种规律已为堡镇和吴淞口氯度资料对比所证实,1974 年 1—3 月实测 76 d 资料中,62 d 堡镇氯度比吴淞口氯度高,1979 年 1—3 月实测 67 d 资料中,59 d 堡镇氯度比吴淞高。

由于堡镇含氯度高,高氯度水体可以通过中央沙北水道和漫滩水流与南港水流交换和掺混,提高南港水流中的含氯度。

近年来,南北港分汊水道的中央北水道趋于衰亡,1971 年后中央沙北水道–5 m 线下的容积变化见表 9-1。

表 9-1　1971 年后中央沙北水道–5 m 线下的容积变化

年份	1971	1973	1975	1976	1977	1978	1978	1980
容积/亿 m³	5.28	4.92	4.97	5.27	4.23	3.86	2.71	1.75

1981 年中央沙北水道更加恶化,开往南门与堡镇的浅水轮渡也已改走南门通道,中央沙北水道趋于衰亡后,南北港分汊口上提,北港高盐度水体进入南港的机会减少,吴淞口水质相对要好转。

从北支倒灌和南北港水流交换两个因素来看,70 年代吴淞口水质最差,进入 80 年代后,水质应该有所好转,在分析吴淞口水质和上游流量关系时,证实了这个结论。1976 年和 1981 年大通站流量和吴淞口氯度比较结果见表 9-2。

表 9-2　1976 年和 1981 年大通站流量和吴淞口氯度比较结果

年份	大通流量/（m³/s）			吴淞口氯度/PPM		
	8000~10 000 出现天数	10 000~12 000 出现天数	12 000~14 000 出现天数	>200 小时数	>500 小时数	>1 000 小时数
1976	33	21	21	531	166	70
1981	51	12	29	299	50	0

由表 9-2 可知,1981 年的流量比 1976 年小,而吴淞口的氯度 1981 年却比 1976 年小得多,1981 年流量小,吴淞口站的氯度反而低,说明水质有了改善。

应该指出,北支倒灌量减少,这个趋势是由北支趋向衰亡造成的,这个趋势已经不可逆转,南北港水流交换,随着长江口河床演变会有所改变,但 70 年代处于南北港水流交换对吴淞口水质较为不利的条件下,要恢复 70 年代这种不利条件,时间需要数十年。

第 5 节　对长江水源的看法

宝钢来源问题已经经过多次研究,在这一过程中,宝钢指挥部委托南京水利科学研究院做了三次咨询报告,我们认为有必要谈谈我们对长江水源的看法。

鉴于出现了 1979 年这种情况,势必要把库容加大,这样使水库本身的造价就很高,同时库容大,在上海市范围内无法安排岸线,只得把水库筑到江苏省范围内,水库与钢厂之间距离加大,输入管线加长,投资更高,结果就会出现这种情况。我们筑了一个大水库,10年、20年,甚至 30~40 年都不能充分利用这个水库,在我们国家建设资金还十分缺乏的情况下,把大笔资金花在几十年一用的工程上,经济效益太差。

在第 3 章中,我们已经用实测资料证明(1979 年氯度是有记录以来最高的一年)。同时,1979 年大通站测到了有记录以来的最小枯水流量,按频率计算,接近 200 年一遇,但日平均和月平均最小流量却出现在 1963 年,这很容易使人想到 1963 年枯水程度超过 1979 年,但黄浦江实测氯度 1963 年却比 1979 年小得多,为什么会出现流量和氯度的反常关系呢? 这是因为大通站流量经过长江下游 400~500 km 长河段中支流和太湖调蓄后,实际到达长江口的流量与大通站下来的流量有所不同,1963 年的枯水流量是在 1962 年丰水年以后出现的,太湖流域水位较高,1963 年 1—3 月大浦口平均水位为 2.75 m,比 1979 年 1—3 月平均水位 2.41 m 高 34 cm(见表 9-3),这样,大通站下来的流量沿程减少率当然会小一些,1979 年的枯水是在太湖流域特大干旱后出现的,大通站流量在向长江下游输送过程中,由于沿江各闸引水和太湖调蓄等因素,实际流量不断减少,因为没有实测资料来定量计算流量减少值,我们仅举 1978 年 8 月 6—9 日长江口水文测验为例,这段时间内通过南北港断面平均下泄的流量为 23 200 m³/s,而同期大通站流量却稳定在 28 600 m³/s,沿程流量减少了 5 400 m³/s,枯季沿程减少值会小一些,但像 1978—1979 年这样特别干旱年份,沿程减少值仍然是相当可观的。由此可见,在考虑沿程流量减少值后,不论从最枯流量还是从日平均最小流量和月平均最小流量来看,实际上都是 1979 年流量最小。考虑到大通出现最小流量,又遇太湖流域干旱这种概率较小,因此 1979 年严重盐水入侵的概率超过百年一遇。

吴淞自来水厂自 1972 年建厂以来,已积累了 10 年氯度资料,10 年中除了 1979 年,其余 9 年按宝钢水质标准要求,连续不能取水的时间均小于 20 d,这样看来,20 d 库容即已满足频率为 90% 的用水要求。

根据上述分析,我们有这样的看法,长江水源的库容应满足正常年份的要求,不必考虑 1979 年型的特殊干旱年份,库容缩小后,库址应尽量选在上海市范围内,这样可以大量节省建设资金。

采用上述方案会出现两个问题,第一,怎么样才能事先知道出现 1979 年型的盐水入侵? 第二,如果出现 1979 年型盐水入侵怎么办?

我们说出现 1979 年型的盐水入侵是有先兆的,表 9-3 列举了 30 年来大通站 7—10月平均流量,这 4 个月平均流量小于 30 000 m³/s,只有三年,即 1959 年、1972 年和 1978年,在 1978 年洪季流量偏枯以后才出现 1979 年的严重盐水入侵,同时,从表 9-3 太湖大浦口水位站来看,1978 年 7—10 月也出现了历年平均最低水位 2.52 m,大通站的小流量和太湖流域的低水位预示着长江口要出现严重的盐水入侵,另外,我们还可以直接由氯度资料来预测,吴淞口 1978 年 9—10 月就出现了日平均高达 300~500 PPM 的氯度,还是其他年份同期没有出现过的高氯度,预示着北支倒灌氯离子较为严重。总之,我们可以从大通站流量、太湖流域水位、吴淞口和青龙港氯度四个因素来预测南支河段是否会出现 1979 年型严重盐水入侵。

表 9-3　1951—1980 年大通站 7—10 月流量

年份	太湖大浦口水位		大通站流量	年份	太湖大浦口水位		大通站流量
	1—3 月平均/m	7—10 月平均/m	7—10 月平均/(m³/s)		1—3 月平均/m	7—10 月平均/m	7—10 月平均/(m³/s)
1951		3.50	38 400	1966	2.73	2.86	37 500
1952	3.13	3.57	46 100	1967	2.52	2.69	37 300
1953	2.94	2.94	36 900	1968	2.45	2.90	49 400
1954	3.05	4.02	70 600	1969	2.98	3.27	45 100
1955	2.90	3.06	47 700	1970	2.61	3.35	43 900
1956	2.44	3.56	39 000	1971	2.67	2.85	30 400
1957	2.79	3.51	37 100	1972	2.61	2.86	27 400
1958	2.57	2.78	40 600	1973	2.93	3.33	47 300
1959	2.75	2.88	29 700	1974	2.62	3.21	45 300
1960	2.76	3.43	36 400	1975	2.97	3.43	41 000
1961	2.86	3.26	37 400	1976	2.80	3.08	36 600
1962	2.82	3.74	46 700	1977	2.70	3.46	39 400
1963	2.75	3.34	36 500	1978	2.71	2.52	28 200
1964	2.88	3.03	47 800	1979	2.41	2.97	40 000
1965	2.66	3.01	42 800	1980			50 400

　　如果出现 1979 年型的严重盐水入侵,20 d 用水量的库容是不能满足要求的,我们可以采用下列办法解决库容不足问题:

　　(1)加强嘉宝地区闸门管理,保证嘉宝地区内河水质,事先在练祁河口设泵站,适当提高嘉宝地区内河水位,必要时借用内河水作为钢厂水源,因为 1979 年型严重盐水入侵要数十年才会遇到一次,从节省国家投资出发,10 年以上一次加强内河水质管理应该还是可行的。

　　(2)利用水库内低氯水适当抽取长江中高氯度水进行配水,延长水库蓄水使用时间。

　　(3)在特别干旱年份,还可以采取加缓腐蚀剂等措施,保证设备安全。

第 6 节　结　语

　　(1)现有资料表明,茜泾附近长江水氯度日内变化比较小,在茜泾附近建库蓄水,投机取水的可能性小,因此不必为投机取水、加大取水泵站的能力。

（2）考虑到茜泾附近的水质特点，选用吴淞口有效取水时间为 4 h 的资料估算水库容积，本章推荐茜泾长江水源库容为容蓄钢厂 50 d 的用水量，这个库容可以代表 6 h、8 h，甚至更长时间的有效取水时间。

（3）70 年代北支倒灌比较严重，南北港水流交换对吴淞水质也有不利影响，70 年代南支河段水质处于最不利的条件下，由于北支趋于衰亡，南北港分汊口上提，南支河段水质趋向好转。实测资料表明，在同样水文条件下，80 年代水质明显好转，我们推荐的库容主要根据 70 年代的资料计算出来的，因此偏于安全。

（4）现在的长江水源方案，按照 97% 的流量保证率确定库容，库容很大，这样的库容利用率很低，同时由于库容大，上海市范围内无法安排岸线，水库只能筑到江苏省范围内，因此长江水源投资太大，我们认为应把库容定为 20 d，满足一般年份的要求，同时，库址应尽量设在上海市范围内，以节约投资，在预期要出现严重盐水入侵的年份，可以采用其他措施加以解决。

（5）本章所提的库容等问题，没有专门考虑工程上所需的富裕量。由于茜泾附近没有实测资料，本章的一些结论是根据其他各站资料分析得来的，这些结论有待今后用实测资料作进一步论证。

参考资料

［1］韩乃斌. 长江口南支河段水质分析［R］. 南京：南京水利科学研究所，1981.

［2］韩乃斌. 长江口南支河段水质补充分析［R］. 南京：南京水利科学研究所，1982.

［3］长江口航道治理工程科研技术组. 长江口南支河床演变（上海航道局）［R］. 1980.

第 10 章　没冒沙水库抽取淡水概率研究

第 1 节　概　述

上海市东南部地区特别是临港工业区一带缺乏优质的淡水资源,河网地区的淡水受水质的影响,难于开发利用。该地区淡水资源的需求十分迫切,因此,水质良好的长江过境水资源的开发利用提上了议事日程。结合没冒沙水域自身的地形与地貌条件,上海实业发展股份有限公司提出在没冒沙与浦东机场之间建造没冒沙水库的设想(见图 10-1)。

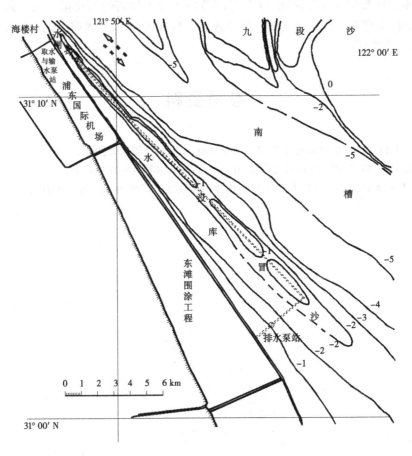

图 10-1　没冒沙生态水库示意

为了给规划研究提供必要的基础资料,上实集团[上海实业(集团)有限公司的简称]和华东师大(华东师范大学的简称)自 2003 年 3 月起在浦东机场码头进行盐度的连续观测,至 2005 年 10 月,已经取得连续 32 个月的含盐度资料,同时,上实集团先后于 2003 年 9 月、2004 年 1 月(见图 10-2)、2004 年 4 月和 2005 年 4 月组织开展了 4 次大规模同步水文测验。

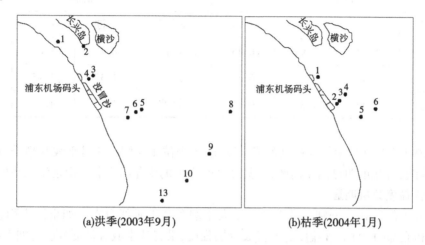

(a)洪季(2003年9月)　　　　　　　　　　(b)枯季(2004年1月)

图 10-2　没冒沙水域水文测验布置示意

我院(南京水利科学研究院简称)受上实集团委托已经先后 2 次对没冒沙水域含盐度变化规律和没冒沙水库的淡水保证率进行了研究,提出了浦东国际机场码头每月出现淡水百分比最小值公式。根据该公式,有关单位计算了没冒沙水库供水保证率、水库库容和泵站抽水能力等重要参数。应该指出,上述淡水百分比最小值公式是根据机场码头 17 个月的含盐度资料得出的,现在该站已经积累了 32 个月的资料,加上新资料后,每个月出现淡水百分比最小值公式发生相应的变化是正常的。受上实集团的再次委托,本章根据机场码头更为丰富的资料进一步研究该站含盐度与径流、潮汐、风速和风向等因素的关系和该水域出现淡水的规律,由此计算没冒沙水库供水保证率,确定水库库容和泵站抽水能力的原则,为设计部门确定没冒沙水库上述参数提供依据。

第 2 节　没冒沙水域含盐度变化分析

2.1　没冒沙水库水域的盐水入侵特性

2.1.1　含盐度北高南低

没冒沙在长江口南槽南侧,位于南北槽分流口的下游,紧临南汇高滩。没冒沙与南汇高滩之间形成一条浅槽,其水下高程一般在-2～-3 m,相对南槽的主槽来说,属于浅水区。该处水域十分宽阔,径流、潮汐、科氏力、风和浪等动力因素比较强,与水域相对比较窄的南北港和南支等河段相比,动力要素对盐水入侵的影响要复杂得多。

众所周知,由于科氏力的作用,长江口涨潮流偏北,落潮流偏南。长江口北支、天生港水道、崇明岛南侧的新桥水道和长兴岛南侧的瑞丰沙水道,都是位于同一河段的北侧水道,这些水道都是以涨潮流为主的水道,而位于南侧的河槽,一般均以落潮流为主。没冒沙水域北侧的涨潮流强于南侧(见表10-1),造成北侧含盐度高于南侧。

表 10-1　没冒沙水库水文测验南槽断面最大涨潮流速统计　　　　　单位:m/s

洪季				枯季			
垂线号	大潮	中潮	小潮	垂线号	大潮	中潮	小潮
7号(南)	1.22	0.94	0.45	2号(南)	0.77	1.05	0.72
6号(中)	1.66	1.10	0.49	3号(中)	1.37	1.45	0.89
5号(北)	2.09	1.33	0.71	4号(北)	1.44	1.37	0.77

　　图10-3为长江口南槽含盐度的横向变化,洪季位于北侧的5号垂线和枯季位于北侧的4号垂线,含盐度明显高于南侧,含盐度在断面上的变化呈自北向南逐渐减小的趋势。

2.1.2　含盐度分层明显

　　图10-4和图10-5分别为洪季及枯季大小潮含盐度垂线分布。如果以表面(相对水深为0)和底部(1.0)的含盐度之差代表分层程度,没冒沙水域含盐度分层有如下的特点:

　　(1)小潮期间紊动强度弱,分层程度明显强于大潮,洪季小潮5号和6号垂线,表底层的盐度差达15‰以上,而大潮期间表底层的盐度差不足5‰。

　　(2)洪季的盐度分层强于枯季。

　　(3)洪季南侧的7号垂线和枯季南侧的2号垂线,比北侧的两条垂线水深浅,分层程度北侧强于南侧。没冒沙位于南侧的浅水区,含盐度分层程度更弱。

2.1.3　大潮期盐水入侵强于小潮期

　　实测资料表明,在其他条件相近的情况下,没冒沙水域大潮时盐水入侵强于小潮。图10-3表明,洪季和枯季大潮的含盐度明显高于小潮的含盐度。大潮期间涨潮流速显著大于小潮,大潮涨潮流程远大于小潮是大潮期盐水入侵强于小潮的原因。表10-2为没冒沙水域南槽断面含盐度统计结果,大潮期间,洪季南侧的7号和枯季2号垂线的全潮平均含盐度,不足北侧5号和4号垂线的一半。洪季小潮两者差异更为悬殊。含盐度在断面上的变化呈自北向南逐渐减小的趋势。

表 10-2　没冒沙水域南槽断面含盐度统计结果

垂线号	洪季				垂线号	枯季			
	大潮		小潮			大潮		小潮	
	全潮平均	最大	全潮平均	最大		全潮平均	最大	全潮平均	最大
7(南)	3.22	5.81	0.20	1.15	2(南)	3.67	8.32	2.65	6.13
6(中)	5.18	9.55	1.79	6.70	3(中)	4.63	10.74	3.34	7.73
5(北)	7.42	10.80	7.42	8.90	4(北)	7.39	15.44	5.68	9.31

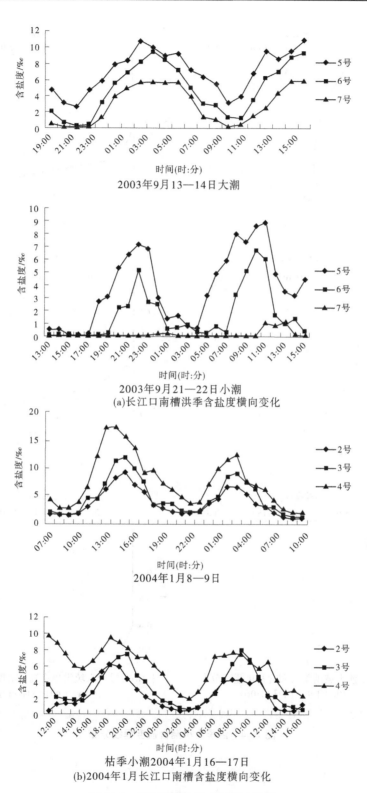

(a)长江口南槽洪季含盐度横向变化

(b)2004年1月长江口南槽含盐度横向变化

图 10-3　长江南槽含盐度的横向变化

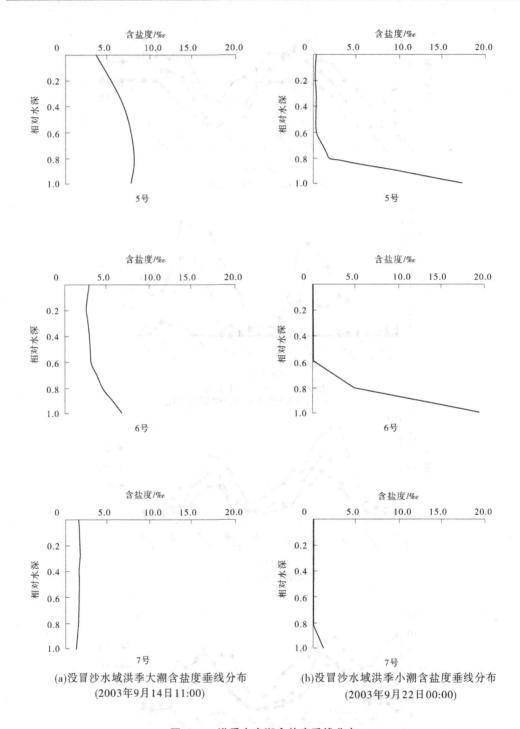

(a)没冒沙水域洪季大潮含盐度垂线分布
(2003年9月14日11:00)

(b)没冒沙水域洪季小潮含盐度垂线分布
(2003年9月22日00:00)

图10-4　洪季大小潮含盐度垂线分布

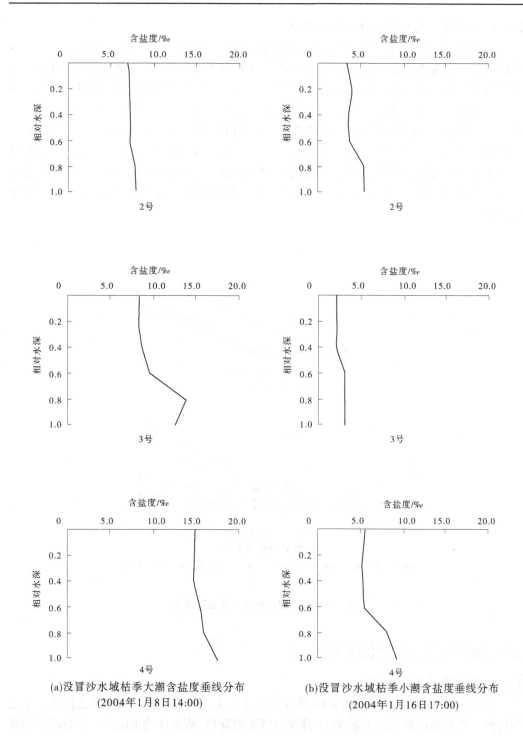

(a)没冒沙水域枯季大潮含盐度垂线分布　　　　　(b)没冒沙水域枯季小潮含盐度垂线分布
　　　(2004年1月8日14:00)　　　　　　　　　　　　　(2004年1月16日17:00)

图 10-5　枯季大小潮含盐度垂线分布

2.1.4　没冒沙水域处于盐水入侵上游端

图 10-6 为长江口南槽含盐度沿程变化,图中表明,机场码头即拟建的没冒沙水库取水口附近处于南槽盐水入侵上游端。2003 年 9 月洪季水文测验,大潮涨憩时,机场码头仍受到明显的盐水入侵影响,含盐度可达 3‰左右。枯季小潮落憩时,机场码头含盐度不足 0.5‰,实际上为淡水所控制。实测资料也表明,枯季长江大通站流量小于 10 000 m³/s 时,机场码头站整天都可以被淡水所控制,大通站相应流量小于 8 500 m³/s 时,机场码头站仍有淡水,而大通站流量大于 50 000 m³/s,该站也会受到盐水入侵的影响。由于机场码头处于盐水入侵上游端,动力要素对它的影响比较大,造成该站盐水入侵状况复杂多变,洪季会出现盐水入侵,枯季也会有淡水。复杂多变的盐水入侵状况,增加了枯季取水的概率。

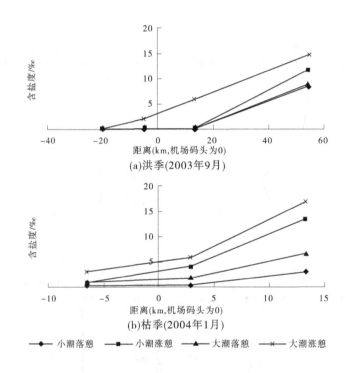

图 10-6　长江口南槽含盐度沿程变化

2.2　潮汐与含盐度变化的关系

2.2.1　潮差对含盐度的影响

前文用 2003 年 9 月洪季和 2004 年 1 月枯季水文测验资料说明大潮含盐度大于小潮的特性。本节利用机场码头站 32 个月含盐度实测资料,从统计的角度进一步分析大潮期盐水入侵强于小潮期的特性。机场码头站每月在上半月和下半月两次分别测量大潮、中潮和小潮的含盐度,每个大、中、小潮连续 13—14 个小时逐时测量表面、中层和底部含盐度,每次大、中、小潮的含盐度在 6—8 d 内测完。由于大、中、小潮三次测量所间隔的时间不长,一般情况下,在此期间,上游大通站的流量变化不大,可以不考虑它对含盐度的影响。因此,机场码头站连续三次的大、中和小潮的含盐度测量结果反映了潮差、风速、风向和海外含盐度大小的影响。

机场码头站 32 个月的含盐度测量资料,共有 65 次大、中、小潮的测量结果。统计表明,测量结果符合大潮含盐度大于中潮,中潮含盐度大于小潮的共有 27 次,占 41.5%。测量结果中有 6 次强劲西北风或东北风引起大潮含盐度偏小,中潮含盐度大于小潮含盐度;4 次由于东南风或西南风使小潮含盐度偏大,而大潮含盐度大于中潮含盐度;还有 8 次属于强劲的东南风或西南风使中潮含盐度大于大潮含盐度,或强劲的西北风或东北风使中潮含盐度小于小潮含盐度。如果将这 18 次由于风速、风向造成的含盐度偏离大、中、小潮盐度变化规律的特殊情况,视为正常的大、中、小潮含盐度变化规律,两者相加共出现 45 次,即符合大、中、小潮含盐度变化规律的次数占 69%。

图 10-7 为三种大通站流量下,机场码头站的含盐度与潮差的关系,图中表明,在大通站流量相近的情况下,平均含盐度随潮差的增加而增大。图 10-8 为上述流量下,该站每日出现淡水概率与潮差的关系,潮差越大,出现淡水的概率越小。上述分析表明,潮差大小是影响没冒沙水域盐水入侵强度的重要因素之一。

2.2.2　日潮不等对含盐度变化的影响

由于受月球和太阳引力的影响,长江口地区存在明显的日潮不等现象。众所周知,夏季通常日潮小于夜潮,冬季日潮大于夜潮,以 2005 年 7 月 22—23 日中浚站天文潮为例(见图 10-9),日潮潮差比夜潮潮差小 1.0 m,而且夜潮起涨的低潮位高于日潮。上述表明潮差大,盐水入侵强;低潮位高,表明落潮下泄水体相应减少,即推动盐水团下移的力量减弱。在上游流量相近的情况下,夏季夜间测量的含盐度要大于白天。机场码头站 2003 年夏季的测量时间为每日 08:00—21:00,2004 年为 05:00—18:00,2005 年为 22:00 至次日 10:00,2003—2004 年测量日潮,2005 年测量夜潮。图 10-10 为流量相近的情况下,2003 年、2004 年和 2005 年夏季实测的含盐度过程线。图 10-10 表明,2005 年含盐度大于 2004 年,2004 年含盐度又大于 2003 年,2005 年含盐度最大是由于测量夜潮造成的,2003 年含盐度比较小,原因是避开了 05:00—08:00 由夜潮引起的含盐度较高的时段。由此可知,如果不是全天连续测量含盐度,测量日潮、测量夜潮或者测量的时段不同,所测得的含盐度和可取淡水的概率都是有变化的。

应该指出,由于两潮所持续的时间为 25 h 左右,每天的高、低潮出现的时间都要相应推迟 1 h 左右。夏季大潮期间,夜潮比日潮大,小潮期间又会出现日潮比夜潮大的状况。每天相邻两潮的潮差,大潮期间其差值可达 1.0~1.2 m,中潮期间两潮潮差十分相近,小潮期间两潮的潮差之差又接近 1 m。由于日潮不等的复杂性,本节只是定性地分析了日潮不等的影响,定量分析是十分困难的。

2.3　风对没冒沙水域盐水入侵的影响

长江口南槽总体呈东南走向,东南风使口门水位壅高,造成口门增水,使落潮水流不畅,涨潮水流相对加强。上游来的径流排泄不畅,起到减少上游径流的作用,该地区的盐水入侵将相应加强。西南风与南槽方向正交,该风向虽然不起直接的增水作用,但在断面

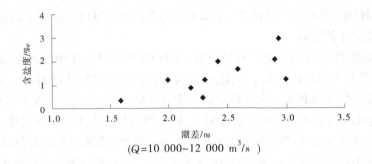

$(Q=10\ 000\sim12\ 000\ \mathrm{m}^3/\mathrm{s}\ )$

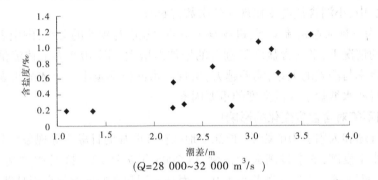

$(Q=28\ 000\sim32\ 000\ \mathrm{m}^3/\mathrm{s}\ )$

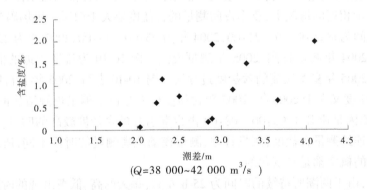

$(Q=38\ 000\sim42\ 000\ \mathrm{m}^3/\mathrm{s}\ )$

图 10-7　三种大通站流量下,机场码头站的含盐度与潮差的关系

上使南侧水位降低,北侧水位增高,造成表面水流指向北侧,底部水流向南侧的环流。由于南槽北侧盐度高,在这种环流的作用下,北侧含盐度相对比较高的水体将从底部流向南侧,南侧含盐度相对比较小的水体从表面流向北侧,其结果将增加该地区南侧的盐水入侵程度。西北风对本水域的作用与东南风正好相反,它使口门水位降低,起到减水作用,使落潮水流加强,涨潮水流减弱。在西北风的作用下,上游径流相对加强,起到减弱该地区盐水入侵的作用。此外,东北风与南槽断面正交,由此引起的断面上的环流,将减弱盐水入侵作用。长江口冬季盛行西北风和偏北风,冬季(12 月至翌年 2 月)西北风和偏北风占全部风向频率的 52.6%,超过了一半。北风和西北风风速又比较大,西南风和西风风速

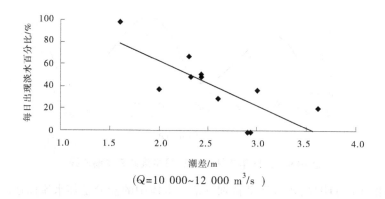

$(Q=10\ 000\sim12\ 000\ \mathrm{m^3/s})$

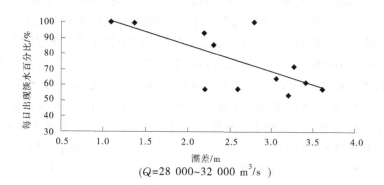

$(Q=28\ 000\sim32\ 000\ \mathrm{m^3/s})$

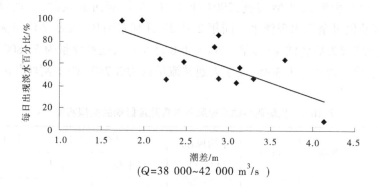

$(Q=38\ 000\sim42\ 000\ \mathrm{m^3/s})$

图 10-8　每日出现淡水百分比与潮差的关系

较小,因此冬季有利于长江淡水向南岸输送。这是机场码头站冬季出现较高的淡水概率的原因。夏季 7 月、8 月经常刮强劲的东南风,使该站含盐度明显升高,这是洪季出现淡水概率偏小的原因。

2.4　径流对含盐度的影响

上游径流对盐水入侵的影响最容易理解,上游来的淡水量大,盐水理所当然要后退。没冒沙水域在长江口南北槽交汇口附近,水域十分宽广,潮流、径流、风吹流和科氏力等各

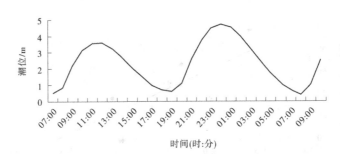

图 10-9　2005 年 7 月 22—23 日中浚站天文潮曲线

种动力的作用均十分明显,水流运动特别复杂。水体中的盐分是随水流而运动的,没冒沙水域的水体随涨落潮流来回游荡,流经机场码头时含盐度的大小,涨潮流时取决于口外含盐度大小、涨潮流本身的强度和风吹流等各种因素的影响,落潮流时取决于落潮流本身的强度、风吹流、涨潮流上溯时水体的含盐度大小及落潮时上游下泄径流量的大小等多种因素。实测含盐度大小反映了多种因素综合影响下所得到的最终结果。上游径流大小对盐水入侵的影响本身是单一的,即上游径流量越大,盐水入侵强度越弱,反之,则盐水入侵强度大。洪枯季多次水文测验表明,机场码头站位于长江口盐水入侵上游端附近(见图 10-6),盐水入侵端部盐度变化十分敏感。该区域动力因素的影响又十分复杂,任何因素的变化都有可能使该区域的含盐度有质的变化,盐水可以从无到有,从有到无。在机场码头这种特殊的地理位置和复杂的动力因素的影响下,径流与含盐度远非单一的关系。

仅举几个特例说明在某种特定条件下,径流的影响可以反之。表 10-3 为机场码头站风速风向对含盐度影响的典型实例,2004 年 1 月 25 日刮西北风时,大通站流量小于 9 000 m^3/s,该站仍可全天出现淡水。同年 2 月 23 日刮东南风,大通站流量大于 1 月 25 日,日平均含盐度却为后者的 40 多倍。2003 年 8 月 5 日大通站流量为 55 800 m^3/s,由于刮东南风,日平均含盐度达 1.30%,高于大通站流量仅为 8 740 m^3/s、刮西北风的 2004 年 1 月 25 日。

表 10-3　机场码头站风速风向对含盐度影响的典型实例

日期 (年-月-日)	潮别	风向	平均风速/ (m/s)	含盐度/%		大通站流量/ (m³/s)
				日平均	最大	
2003-08-05	中	东南风	6.4	1.30	4.2	55 800
2004-01-25	大	西北风	4.9	0.05	0.5	8 740
2004-02-23	大	东南风	4.5	2.06	9.5	10 100

除了风速风向以外,口外含盐度大小对机场码头站含盐度也有明显的影响。含盐度与潮差的关系所选用的资料中,大通站流量 $Q = 28\,000 \sim 32\,000$ m^3/s 一组主要为 5 月和 10 月测量的资料,$Q = 38\,000 \sim 42\,000$ m^3/s 一组主要选择 7—8 月的资料。最大含盐度、最小含盐度和平均含盐度都是 $Q = 38\,000 \sim 42\,000$ m^3/s 这一组大。这说明,即使 7—8 月流

量稍大于 5 月或 10 月,含盐度仍是 7—8 月偏大。当然,7—8 月大通站出现 50 000 m³/s 以上流量,这种趋势才会改变。7—8 月流量大,机场码头站含盐度也大的反常状况是当时长江口外含盐度比较大引起的。

　　2003 年、2004 年和 2005 年夏季实测的含盐度过程线如图 10-10 所示。

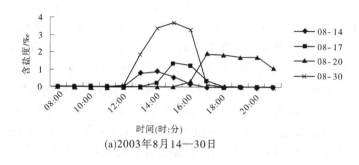

(a)2003年8月14—30日

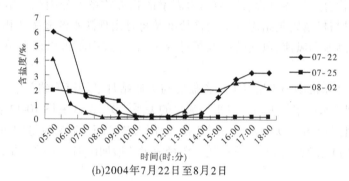

(b)2004年7月22日至8月2日

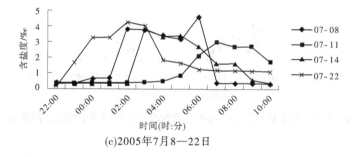

(c)2005年7月8—22日

图 10-10　2003 年、2004 年和 2005 年夏季实测的含盐度过程线

　　长江口引水船水文站多年的测量资料表明,长江口地区最大测点含盐度每年均出现在 7—9 月,而不是枯季,特别是 7—9 月引水船底部的含盐度与外海高盐海水相同,含盐度高达 33‰~34‰。7—9 月是台湾暖流最活跃的时期,也是长江口盐水楔异重流最为显著的时期,尤其是小潮期间,在表层大量淡水下泄的同时,底部高盐海水不断上溯。当这一海区从小潮期转入大潮期后,或者出现风速 8~10 m/s 以上的东南风时,由于潮汐动能或波浪动能的作用,使垂线上的含盐度趋向均匀,该海区的含盐度会明显偏大。大潮期间引水船附近高盐海水可以随着涨潮流到达机场码头附近,这是 7—8 月在上游流量相近的情况下,含盐度偏大的重要原因之一。此外,7—8 月,出现东南风的概率偏大,也使机场码头站含盐度偏大,这是使它偏离正常的径流与含盐度关系的原因之一,2005 年 7—8 月,含盐度偏大还有测量夜潮的原因。

风速、风向和长江口外的盐度场都可改变径流与含盐度的关系。同样,径流条件下,含盐度大小还随潮差而变。因此,任何想寻找十分良好的含盐度与径流、潮汐或者与径流和潮汐共同的关系都是十分困难的。尤其是寻找某一天含盐度大小与上述因素的相关关系更为困难,因为在多因素影响含盐度大小时,任何一个起主导作用的因素发挥作用时,其他因素的相对作用都显得非常小,表 10-3 显示了风速风向影响的典型实例。

在潮汐、径流、风速、风向、口外盐度场等诸因素中,潮汐每月有两次大、中、小潮,年内有春分和秋分大潮,如果以半月或全月平均值来比较,相差不大。风速、风向随机性太大,难以将其作为控制因素做相关分析,口外盐度场的变化更难以表达。上述因素中只有上游径流逐月变化范围大,资料齐全,用其作为相关分析的控制因素比较合适。

如上所述,找合适的逐日含盐度与动力因素的相关关系十分困难。本章仍采用大通站逐月平均流量与机场码头站逐月平均含盐度及每月出现淡水的概率作相关关系。当采用月平均值时,潮差和风速、风向的影响相对减小,表达式中不再出现上游径流以外的其他动力因素。

图 10-11 为浦东机场码头站月平均含盐度与大通站月平均流量的关系。图 10-12 为机场码头站月出现淡水概率与大通站月平均流量的关系。图 10-11 和图 10-12 表明,由于上述分析的种种原因,两图相关关系的点群较为散乱,但含盐度随大通站流量增加而减少的关系仍较为明显,而每月出现的淡水百分比随上游径流量的增加而加大的关系是存在的。

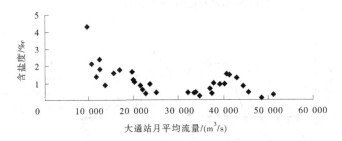

图 10-11　浦东机场码头站月平均含盐度与大通站月平均流量的关系

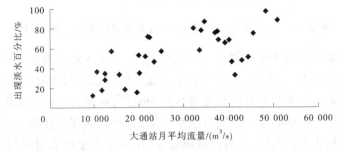

图 10-12　浦东机场码头月出现淡水概率与大通站月平均流量的关系

当机场码头站有 17 个月的含盐度资料时,得到该站每月出现淡水百分比最小值公式为:

$$R_{17月最小} = 2.2 \times 10^{-5} \overline{Q}_{大通}^{1.4032} \tag{10-1}$$

当机场码头站有 32 个月的含盐度资料时,每月出现淡水百分比最小值公式为:

$$R_{32月最小} = 9.318 \times 10^{-6} \overline{Q}_{大通}^{1.4481} \tag{10-2}$$

上述二式中,当 $\overline{Q}_{大通}$ 小于 8 000 m³/s 时,$R_{月最小}$ 等于 0。

当机场码头站有 17 个月的含盐度资料时,月平均含盐度 $\overline{S}_{月}(‰)$ 最大包络线公式为:

$$\overline{S}_{月} = 7.0\exp(-4.9276 \times 10^{-5} \overline{Q}_{月大通}) \tag{10-3}$$

第 3 节　沿江引水、三峡工程、南水北调
对没冒沙水库淡水保证率的影响

本章从大通站以下沿江引水、三峡工程、南水北调对该水库淡水保证率发展趋势作进一步论证。

3.1　大通以下沿江引排水综述

长江大通以下沿江引水可划分为苏南片、苏北片、安徽片和江都抽水站 4 个区域分别考虑。本章统计 1973—1987 年 15 年资料,分析大通站以下沿江引水状况。上述 15 年中遭遇了 1978—1979 年的特大干旱年,该年长江全流域干旱和下游区干旱相遇,长江流域和淮河流域干旱相遇,出现了大通站创纪录的最小流量 4 620 m³/s,上述 15 年资料具有良好的代表性。

3.1.1　苏南片

苏南片和太湖流域相连,担负着排泄太湖流域径流的任务,苏南片多年平均引水量为 26.3 亿 m³,多年平均排水量为 41.75 亿 m³,净排水量为 15.45 亿 m³,排水量明显大于引水量。苏南片 15 年中只有 1976 年、1978 年、1979 年和 1986 年 4 年是净引水的,其余年份排水量均大于引水量。苏南片虽然主要为排水,但遭遇 1978 年这样的特枯年,引水量仍高达 70 亿 m³,净引水量接近 60 亿 m³。每年 1—3 月长江口上游来水量最小,没冒沙水域盐水入侵最严重,研究没冒沙水库淡水保证率时,枯水季节的引水量十分重要。苏南片 1—3 月的多年平均引水量为 24 390 万 m³,多年平均排水量为 25 530 万 m³,多年平均引排水量十分接近。15 年中有 6 年为净排水,9 年为净引水,1—3 月最大净引水量约为 5 亿 m³,出现在 1979 年。

3.1.2　苏北片

苏北地区沿江有通杨、通吕、通启、如海等很多运河,15 年的引排水量统计表明,除通杨运河外,其他通江水闸以引水为主,排水量相对比较小。苏北片多年平均引水量为 46.59 亿 m³。多年平均排水量为 8.87 亿 m³,多年平均净引水量为 36.72 亿 m³。枯季 1—3 月多年平均引水量为 4.214 亿 m³,同期多年平均排水量 0.158 5 亿 m³,平均年净引水量为 4.056 亿 m³。

3.1.3　安徽片

安徽沿江有青弋江、裕溪河、乌江等众多河流,安徽省大通站以下河道与江苏省河道

的明显区别在于,江苏省河道大都利用潮位高时引水,安徽省河道主要排泄上游来的径流,除乌江闸有少量引水外,其余河道均没有引水。1973—1987 年,安徽省沿江河道引水量非常小。本章考虑大通站以下沿江引水问题时,不考虑安徽片的引水问题。

3.1.4　江都抽水站

江都抽水站抽水能力为 450 m^3/s,主要担负补给苏北地区的工农业生产用水和排涝任务。本章统计的 15 年中最大年引水量为 51.7 亿 m^3,出现于 1979 年。

3.1.5　大通站以下引排水量的综合统计

本章仅统计苏南片、苏北片和江都抽水站的引排水量,不考虑安徽省大通站以下各河道下泄径流和数量很小的引水量。在本项统计中,也不考虑淮河入江水道进入长江的淮河流域的流量。淮河入江水量除 1978 年为 -1.44 亿 m^3,1976 小于 10 亿 m^3,1977 年和 1986 年的入江水量为 70 亿 ~ 100 亿 m^3 外,其余年份入江水量均大于 100 亿 m^3,最大的入江径流量超过 300 亿 m^3。如果考虑淮河入江水量,统计的 15 年中,大通站以下只有 1976 年和 1978 年,入海流量小于大通站流量。

表 10-4 为 1973—1987 年的引水、排水和净引排水量,最大年引水量和净引水量分别为 193.92 亿 m^3 和 185.27 亿 m^3,出现在 1978 年。最小的年引水量为 42.98 亿 m^3,出现在 1987 年,当年为净排水 51.87 亿 m^3。出现净排水的年份还有 1980 年和 1985 年。多年平均为净引水 33.29 亿 m^3,相当于 106 m^3/s。

表 10-4　1973—1987 年引排水流量统计　　　　　　单位:亿 m^3

年份	引水量	排水量	净引排水量(排水量为负)
1973	66.24	52.98	13.26
1974	71.10	35.81	35.29
1975	61.61	58.02	3.59
1976	101.08	26.13	74.95
1977	90.28	79.24	11.04
1978	193.92	11.75	185.27
1979	147.84	31.09	116.75
1980	71.95	87.83	-15.88
1981	111.83	59.40	52.43
1982	124.46	65.13	59.33
1983	94.13	92.80	1.33
1984	91.08	62.20	28.88
1985	62.94	74.84	11.90
1986	100.08	55.78	44.30
1987	42.98	94.85	-51.87
平均			33.29

　　表 10-5 为 1973—1987 年 1—3 月的引水、排水和净引排水量,1—3 月最大的引水量和净引水量分别为 280 828 万 m³ 和 271 334 万 m³,分别相当于引水流量 361 m³/s 及 349 m³/s,出现在 1979 年 1—3 月。1—3 月多年平均引水量为 76 450 万 m³,相当于 98 m³/s。15 年的引排水量统计表明,大通站以下引江水量的年际变化十分明显,最大年引江水量可达最小年引江水量的 4.5 倍。净引江水量变化更大,最大可达 185.3 亿 m³,最小为净排水 51.87 亿 m³。净引江水量的大小取决于长江下游大通站以下沿江两岸和苏北地区降雨量大小。降雨量小的年份特别是农业用水量大的季节遇到干旱,净引水量大。太湖流域及沿江两岸降雨量大,则可能出现净排水。

表 10-5　1973—1987 年 1—3 月引排水量统计　　　　　　　　单位:万 m³

年份	引水量	排水量	净引排水量(排水量为负)
1973	34 469	73 651	−39 182
1974	167 969	11 718	156 251
1975	41 786	77 728	−35 942
1976	65 346	19 128	46 218
1977	210 594	20 440	190 154
1978	71 174	19 111	52 063
1979	280 828	9 494	271 334
1980	88 192	17 920	70 272
1981	92 723	4 960	87 763
1982	136 724	37 406	99 318
1983	89 577	13 173	76 404
1984	95 546	16 483	79 603
1985	51 952	63 710	−11 758
1986	79 045	5 403	73 642
1987	47 479	16 353	31 126
平均	103 560	27 111	76 450

3.1.6　大通站以下沿江引水的发展趋势

　　本章统计的沿江引水状况,依据资料是 20 世纪 70—80 年代的。90 年代以后,长江大通站以下又新建了不少新的引水工程,比较大的工程有安徽的巢湖引江工程、泰州引江工程及引江济太工程等。此外,由于沿江城市化水平的不断提高,沿江城市抽取自来水原水的数量也不断增加。上述引江工程的兴建和众多的自来水引江工程,使引江水量处于增长过程中。受时间和资料的限制,定量分析沿江引水增量大小比较困难。70—80 年代,江都抽水站已经全面建成,江苏沿江两岸有引江水闸 20 多座,近年来新增加引江能力小于原有引江总能力的 30%。本章考虑 80 年代后新增的引江水量为原有引江水量的 30%,假定今后 20 年可能再增加引江能力 20%。本章现有的引江水量以 70—80 年代的 130% 计算,未来的 20 年内引江水量以 70—80 年代的 150% 计算。

按上述比例计算,多年平均的净引江水量从 70—80 年代的 38.04 亿 m^3 增加为近期的 43.28 亿 m^3,未来的 20 年内增加为 49.93 亿 m^3。多年平均净引江流量从 106 m^3/s,分别增加为 137 m^3/s 和 158 m^3/s。如遭遇 1978—1979 年型的特枯年,年净引江流量将从 185.27 亿 m^3 分别增加为 240.85 亿 m^3 和 277.91 亿 m^3,年平均引江流量将从 587 m^3/s 增加为 764 m^3/s 和 881 m^3/s。

20 世纪 70—80 年代枯季 1—3 月的多年平均引江水量为 76 450 万 m^3,按上述比例计算,现有的枯季 1—3 月年平均引江流量为 99 385 万 m^3,未来 20 年将增加为 114 675 万 m^3,枯季平均引江流量将从 98 m^3/s 增加为 127 m^3/s 和 147 m^3/s。1979 年出现的枯季最大的平均净引水量为 271 334 万 m^3,如果现在再出现这样的枯水年,平均净引水量将增加为 352 734 万 m^3,未来 20 年内出现这样的枯水年,平均净引水量将增加为 407 000 万 m^3。平均引水流量将从 349 m^3/s 增加到 454 m^3/s 和 524 m^3/s。

长江大通站以下沿江城市众多,各城市自来水原水的引江量是一个相当可观的数字,70—80 年代沿江自来水引江量为 800 万~900 万 t/d。近年来自来水原水引江增加的比例大于港闸和抽江引水的比例,假定现在自来水引江量为 70—80 年代的 1.5 倍,未来 20 年内将为 70—80 年代的 1.8 倍。70—80 年代以 900 万 t/d 计,则现有的自来水原水引江量为 1 350 万 t/d,即 156 m^3/s,20 年内将增加为 1 620 万 t/d,即 188 m^3/s。自来水使用后大部分以污水或处理过的尾水返回江中,假定上述自来水三分之一将被消耗掉,则自来水原水实际引江流量 70—80 年代为 300 万 t/d(35 m^3/s),当前为 450 万 t/d(52 m^3/s),未来 20 年内为 540 万 t/d(63 m^3/s)。

综上所述,在不计安徽片少量引水、安徽沿江河道排水以及淮河入江水道排入长江流量的情况下,大通站以下净引江水量列于表 10-6。

表 10-6　大通站以下净引江水量表

项目	时期					
	20 世纪 70—80 年代		当前		未来 20 年	
	引江量/亿 m^3	流量/(m^3/s)	引江量/亿 m^3	流量/(m^3/s)	引江量/亿 m^3	流量/(m^3/s)
多年平均	44.33	141	59.68	189	69.80	221
枯季 1—3 月平均	10.37	133	13.43	179	16.37	210
特枯年	196.31	622	257.25	816	299.78	944
特枯年 1—3 月	29.85	384	39.31	506	45.60	587

3.2　三峡工程、南水北调和沿江引水对没冒沙水库淡水保证率的影响

3.2.1　三峡工程对机场码头淡水保证率的影响

三峡大坝坝顶高程 185 m,正常蓄水位 175 m,防洪限制水位 145 m,水库每年 5 月末至 6 月初腾出防洪库容,降至汛期防洪限制水位 145 m。汛期 6—9 月,水库一般维持低水位运行,下泄流量与上游来水相同,遭遇大洪水时,根据防洪要求,水库拦洪蓄水。洪峰后,水位仍降至 145 m 运行。汛末 10 月水库充水,下泄量有些减少,水位逐步升高至 175 m,只有出现枯水年,蓄水过程才延续到 11 月。12 月至翌年 4 月,水库尽量维持在较高水位,电站按电网调峰要求运行。1—4 月,当水库流量低于电站保证出力对流量的要求时,则动用调节库容,此时出库流量大于入库流量。三峡建坝后枯水、中水和丰水年大通站流量变化见表 10-7。

表 10-7　三峡建坝后枯水年、中水年和丰水年大通站流量变化

典型年	项目	6—9 月	10 月	11 月	12 月	1 月	2 月	3 月	4 月	5 月
枯水年 (1959—1960 年)	建库前/ (m³/s)	不变	16 800	16 300	11 800	9 200	8 090	14 300	20 700	31 000
	建库后/ (m³/s)		11 349	13 332	11 800	10 735	10 070	16 051	21 702	31 000
	+(增加) -(减少)/ %		-32.4	-18.2	0	+16.7	+24.5	+12.2	+4.8	0
中水年 (1950—1951 年)	建库前/ (m³/s)	不变	41 500	29 600	13 600	9 430	9 000	13 300	27 500	39 400
	建库后/ (m³/s)		33 083	29 600	13 600	10 701	10 788	15 121	27 303	40 983
	+(增加) -(减少)/ %		-20.3	0	0	+13.5	+19.9	+13.7	-0.7	+4.0
丰水年 (1949—1950 年)	建库前/ (m³/s)	不变	49 900	39 900	24 400	17 400	19 400	14 400	24 800	32 100
	建库后/ (m³/s)		41 483	39 900	24 400	17 843	20 396	15 243	23 772	37 114
	+(增加) -(减少)/ %		-16.9	0	0	+2.5	+5.1	+5.9	-4.1	+15.6

续表 10-7

典型年	项目	6—9月	10月	11月	12月	1月	2月	3月	4月	5月
多年月平均流量	建库前/(m³/s)	不变	36 010	24 880	14 710	10 630	10 710	14 420	22 260	34 690
	建库后/(m³/s)		30 490	24 180	13 990	11 200	11 860	15 080	21 890	38 450
	+(增加)-(减少)/%		-15.3	-2.8	-4.9	+5.4	+10.7	+4.6	-1.7	+10.8

表 10-7 显示,枯水年 10 月和 11 月流量分别减少 32.4%和 18.2%,大通站流量降至 11 349 m³/s 和 13 332 m³/s。枯季的其他月份大通站流量有些增加,或者保持不变。中水年和丰水年 10 月大通站流量分别减少 20.3%和 16.9%,大通站流量仍在 30 000 m³/s 以上。由此可见,三峡大坝建成后,枯水年的 10 月和 11 月将对长江口盐水入侵产生不利影响,1—3 月,大通站流量有些增加,对减轻长江口盐水入侵有好处。12 月和 4 月,大坝建成前后流量变化不大,对长江口盐水入侵的影响可不予考虑。

本章将考虑入海流量变化对浦东机场码头月平均含盐度、每月出现淡水百分比及连续不可取水的天数等因素的影响。本章采用式(10-3)和式(10-1)计算三峡工程、南水北调和沿江引水后,机场码头月平均含盐度及每月出现淡水百分比的变化。

表 10-8 为三峡大坝建成后机场码头站月平均含盐度的变化,表 10-8 显示三峡大坝蓄水对枯水年影响最大,中水年次之,对丰水年影响最小。每年 10 月和 11 月由于蓄水影响,含盐度增加,枯水年 10 月含盐度最大可增加 1.06‰,比建库前增加 34.6%,每年 1—3 月和 5 月,由于三峡大坝下泄流量比建库增加,月平均含盐度减少。应该指出,表中所列月平均含盐度为可能出现的相对较大含盐度,实际月平均含盐度一般小于上述所列值,但变化趋势是一致的。

表 10-8　三峡大坝建成后机场码头站月平均含盐度的变化

典型年	项目	10月	11月	1月	2月	3月	5月
枯水年(1959—1960年)	建库前/(m³/s)	3.06	3.14	4.45	4.70	3.46	1.52
	建库后/(m³/s)	4.12	3.63	4.12	4.26	3.18	1.52
	+(增加)-(减少)/%	+1.06	+0.49	-0.33	-0.44	-0.28	0
中水年(1950—1951年)	建库前/(m³/s)	0.91	1.63	4.40	4.49	3.63	1.00
	建库后/(m³/s)	1.37	1.63	4.13	4.11	3.32	0.93
	+(增加)-(减少)/%	+0.46	0	-0.27	-0.38	-0.31	-0.07

续表 10-8

典型年	项目	10 月	11 月	1 月	2 月	3 月	5 月
丰水年 （1949—1950 年）	建库前/(m³/s)	0.60	0.98	2.97	2.69	3.44	1.44
	建库后/(m³/s)	0.91	0.98	2.91	2.56	3.30	1.12
	+(增加) -(减少)/%	+0.31	0	-0.06	-0.13	-0.14	-0.32

表 10-9 为三峡大坝建成后机场码头月出现淡水百分比的变化。每年 1—3 月和 5 月机场码头出现的淡水百分比增加,10 月和 11 月出现的淡水百分比减小。

表 10-9　三峡大坝建成后机场码头站月出现淡水百分比的变化

典型年	项目	10 月	11 月	1 月	2 月	3 月	5 月
枯水年 （1959—1960 年）	建库前/(m³/s)	18.68	17.90	8.02	6.70	14.90	44.13
	建库后/(m³/s)	10.77	13.50	9.96	9.11	17.52	44.13
	+(增加) -(减少)/%	-7.91	-4.40	+1.94	+2.41	+2.62	0
中水年 （1950—1951 年）	建库前/(m³/s)	66.45	41.48	8.31	7.78	13.36	61.78
	建库后/(m³/s)	48.34	41.48	9.92	10.03	16.11	65.29
	+(增加) -(减少)/%	-18.11	0	+1.61	+2.25	+2.75	+3.51
丰水年 （1949—1950 年）	建库前/(m³/s)	86.06	62.88	19.62	22.86	15.05	46.34
	建库后/(m³/s)	66.40	62.88	20.33	24.52	16.30	56.81
	+(增加) -(减少)/%	-19.66	0	+0.71	+1.66	+1.25	+10.47

以 1979 年、1963 年和 1987 年出现的枯水年为例,仍假定大通站日平均流量分别小于 9 500 m³/s 和 8 500 m³/s 两种情况计算连续不可取水的天数。按大通站流量小于 9 500 m³/s 来考虑,三峡大坝建成后 1979 年没冒沙水库连续不可取水的天数为 50 d, 1963 年为 62 d,1987 年为 26 d。按大通站流量小于 8 500 m³/s 考虑,大坝建成后,连续不可取水天数 1979 年为 19 d,1963 年为 33 d,1987 年为 0 d。上述计算表明,仅从实施三峡工程角度出发,没冒沙水库连续不可取水的天数将大幅度下降。

3.2.2　南水北调工程对机场码头站淡水保证率的影响

南水北调有东、中和西三线,西线调水工程尚处于规划阶段,西线调水反映在三峡水库的下泄流量上,且距长江口十分遥远,本章不考虑西线调水工程。中线工程由于丹江口水库加高,水库由年调节提升为多年调节。中线工程从汉江丹江口水库调水,汉江中下游水量,特别是中水流量明显减小。丰水期、平水期长江流量大,汉江调走的流量占长江总流量百分比较小,汉江下游还有鄱阳湖等湖泊的调节作用,对下泄到长江口的流量影响甚小。中线调水在枯水期要满足汉江中下游水质、航运和灌溉的需要,枯季要保证 500 m³/s 的下泄流量。在特枯季节,汉江下泄流量还稍有增加。总体来说,中线调水对没冒沙水库淡水保证率影响甚小,本章也不予考虑。

东线工程在长江下游江都抽水站取水,三期工程的取水量分别为 500 m³/s、700 m³/s 和 1 000 m³/s,东线调水,特别是枯季调水对没冒沙水库的淡水保证率是有影响的。本章分析东线工程对没冒沙水库淡水保证率的影响。

表 10-10 为东线南水北调后,机场码头站月平均含盐度的变化,调水后对该站月平均含盐度影响不大,东线典型枯水年枯季调水 1 000 m³/s,最大的月平均含盐度增加值为 0.24‰。

表 10-10　东线南水北调后机场码头站月平均含盐度的变化　　　　　‰

典型年	项目		10 月	11 月	1 月	2 月	3 月	5 月
枯水年	调水 500 m³/s	调水前	3.06	3.14	4.45	4.70	3.46	1.52
		调水后	3.14	3.21	4.56	4.82	3.55	1.56
		增加(+)	+0.08	+0.07	+0.11	+0.12	+0.09	+0.04
	调水 700 m³/s	调水前	3.15	3.14	4.45	4.70	3.46	1.52
		调水后	3.26	3.25	4.60	4.86	3.58	1.57
		增加(+)	+0.11	+0.11	+0.15	+0.16	+0.12	+0.05
	调水 1 000 m³/s	调水前	3.16	3.14	4.45	4.70	3.46	1.52
		调水后	3.21	3.29	4.67	4.94	3.63	1.60
		增加(+)	+0.15	+0.15	+0.22	+0.24	+0.17	+0.08
中水年	调水 500 m³/s	调水前	0.91	1.63	4.40	4.49	3.63	1.00
		调水后	0.93	1.67	4.51	4.60	3.73	1.03
		增加(+)	+0.02	+0.04	+0.11	+0.11	+0.10	+0.03
	调水 700 m³/s	调水前	0.91	1.63	4.40	4.49	3.63	1.00
		调水后	0.94	1.69	4.55	4.65	3.76	1.04
		增加(+)	+0.03	+0.06	+0.15	+0.16	+0.13	+0.04
	调水 1 000 m³/s	调水前	0.91	1.63	4.40	4.49	3.63	1.00
		调水后	0.95	1.71	4.62	4.72	3.82	1.06
		增加(+)	+0.04	+0.08	+0.22	+0.23	+0.19	+0.06

续表 10-10

典型年	项目		10 月	11 月	1 月	2 月	3 月	5 月
丰水年	调水 500 m³/s	调水前	0.60	0.98	2.97	2.69	3.44	1.44
		调水后	0.61	1.00	3.04	2.76	3.53	1.48
		增加(+)	+0.01	+0.02	+0.07	+0.07	+0.09	+0.04
	调水 700 m³/s	调水前	0.60	0.98	2.97	2.69	3.44	1.44
		调水后	0.62	1.01	3.07	2.79	3.56	1.49
		增加(+)	+0.02	+0.03	+0.10	+0.10	+0.12	+0.05
	调水 1 000 m³/s	调水前	0.60	0.98	2.97	2.69	3.44	1.44
		调水后	0.63	1.03	3.12	2.83	3.62	1.51
		增加(+)	+0.03	+0.05	+0.15	+0.14	+0.18	+0.07

　　表 10-11 为东线南水北调后机场码头站月出现淡水百分比的变化,对于典型的枯水年、中水年和丰水年,调水 500~1 000 m³/s,机场码头站月出现淡水百分比分别减少 0.60%~6.70%、0.61%~2.24% 和 0.73%~2.41%。按大通站日平均流量小于 9 500 m³/s 考虑,1979 年、1963 年和 1987 年这样的特枯年份,东线调水 500 m³/s,没冒沙水库连续不可取水的天数分别增加 86 d、85 d 和 77 d;东线调水 700 m³/s,没冒沙水库连续不可取水的天数分别为 88 d、104 d 和 79 d;调水 1 000 m³/s,没冒沙水库连续不可取水的天数分别为 91 d、106 d 和 80 d。仅从南水北调角度出发,按大通站流量小于 9 500 m³/s,分别调水 700 m³/s 和 1 000 m³/s,连续不可取水天数将超过 100 d。按大通站日平均流量小于 8 500 m³/s 考虑,东线调水 500 m³/s,1979 年、1963 年和 1987 年连续不可取水天数分别为 81 d、68 d 和 57 d;调水 700 m³/s,连续不可取水天数分别为 82 d、68 d 和 58 d;调水 1 000 m³/s,连续不可取水的天数分别为 84 d、72 d 和 43 d。上述计算表明,仅从实施东线南水北调工程角度出发,没冒沙水库连续不可取水的天数将明显增加。

表 10-11　东线南水北调后机场码头站月出现淡水百分比的变化　　　　%

典型年	项目		10 月	11 月	1 月	2 月	3 月	5 月
枯水年	调水 500 m³/s	调水前	18.68	17.90	8.02	6.70	14.90	44.13
		调水后	17.90	17.14	7.42	0	14.17	43.13
		减少(-)	-0.78	-0.76	-0.60	-6.70	-0.73	-1.00
	调水 700 m³/s	调水前	18.68	17.90	8.02	6.70	14.90	44.13
		调水后	17.60	16.84	7.18	0	13.76	42.73
		减少(-)	-1.08	-1.06	-0.84	-6.70	-1.14	-1.40
	调水 1 000 m³/s	调水前	18.68	17.90	8.02	6.70	14.90	44.13
		调水后	17.14	16.38	6.83	0	13.46	42.14
		减少(-)	-1.54	-1.52	-1.19	-6.70	-1.44	-1.99

续表 10-11

典型年	项目		10 月	11 月	1 月	2 月	3 月	5 月
中水年	调水 500 m³/s	调水前	66.45	41.48	8.31	7.78	13.36	61.78
		调水后	65.33	40.38	7.70	7.18	12.75	60.68
		减少(-)	-1.02	-1.10	-0.61	-0.70	-0.61	-1.10
	调水 700 m³/s	调水前	66.45	41.48	8.31	7.78	13.36	61.78
		调水后	64.88	40.03	7.46	6.95	12.48	60.24
		减少(-)	-1.57	-1.45	-0.85	-0.83	-0.88	-1.54
	调水 1 000 m³/s	调水前	66.45	41.48	8.31	7.78	13.36	61.78
		调水后	64.21	39.41	7.10	6.60	12.06	59.59
		减少(-)	-2.24	-2.07	-1.21	-1.18	-1.30	-2.19
丰水年	调水 500 m³/s	调水前	86.06	62.88	19.62	22.86	15.05	46.34
		调水后	84.85	61.78	18.84	22.04	14.32	45.33
		减少(-)	-1.21	-1.10	-0.78	-0.82	-0.73	-1.01
	调水 700 m³/s	调水前	86.06	62.88	19.62	22.86	15.05	46.34
		调水后	84.37	61.34	18.52	21.71	14.03	44.93
		减少(-)	-1.69	-1.54	-1.10	-1.15	-1.02	-1.41
	调水 1 000 m³/s	调水前	86.06	62.88	19.62	22.86	15.05	46.34
		调水后	83.65	60.68	18.06	21.22	13.60	44.33
		减少(-)	-2.41	-2.20	-1.56	-1.64	-1.45	-2.01

特枯年大通站以下引江造成的机场码头站月平均含盐度变化如表 10-12 所示。

表 10-12　特枯年大通站以下引江造成的机场码头站月平均含盐度变化　　　　　‰

典型年	项目	10 月	11 月	1 月	2 月	3 月	5 月
特枯年 (1978—1979 年)	不引水	3.10	3.29	4.78	4.95	4.55	2.11
	引水	3.19	3.39	4.93	5.10	4.70	2.18
	增加	+0.09	+0.10	+0.15	+0.15	+0.15	+0.07
现状条件下 出现特枯年	不引水	3.10	3.29	4.78	4.95	4.55	2.11
	引水	3.23	3.43	4.97	5.15	4.74	2.20
	增加	+0.13	+0.14	+0.19	+0.20	+0.19	+0.09
未来 20 年出现特枯年	不引水	3.10	3.29	4.78	4.95	4.55	2.11
	引水	3.25	3.45	5.01	5.18	4.77	2.21
	增加	+0.15	+0.16	+0.23	+0.23	+0.22	+0.10

3.2.3 沿江引水对机场码头站淡水保证率的影响

表 10-6 显示,沿江多年平均净引江流量为 141~221 m³/s,对没冒沙水域含盐度及出现淡水的概率影响较小,本章不再单独计算。表 10-12 为特枯年大通站以下引江造成的机场码头站月平均含盐度变化。引水前后月平均含盐度的变化为 0.07‰~0.23‰。

3.2.4 三峡工程、南水北调和沿江引水综合影响下对机场码头站淡水保证率的影响

下列综合影响的计算条件为:三峡工程枯水年,东线南水北调的调水流量为 1 000 m³/s,特枯年沿江净引水流量,典型年为特枯年、现状条件下出现特枯年及未来 20 年出现特枯年。

表 10-13 为特枯年大通站以下引江造成的机场码头月出现淡水百分比的变化。

表 10-13　特枯年大通站以下引江造成的机场码头月出现淡水百分比的变化　%

典型年	项目	10 月	11 月	1 月	2 月	3 月	5 月
特枯年 (1978—1979 年)	不引水	18.28	16.41	0	0	7.74	31.35
	引水	17.32	15.49	0	0	6.71	30.23
	减少(-)	-0.96	-0.92	0	0	-0.73	-1.12
现状条件出现特枯年	不引水	18.28	16.41	0	0	7.74	31.35
	引水	17.02	15.20	0	0	0	29.89
	减少(-)	-1.26	-1.21	0	0	-7.74	-1.46
未来 20 年出现特枯年	不引水	18.28	16.41	0	0	7.74	31.35
	引水	16.83	15.01	0	0	0	29.66
	减少(-)	-1.45	-1.40	0	0	-7.74	-1.69

综合影响下机场码头站月平均含盐度的变化列于表 10-14。特枯年份,考虑各种因素时,枯季 1—4 月含盐度变化很小,10 月和 11 月由于三峡调水、南水北调和沿江引水的影响是累加的,10 月平均含盐度增加 1.29‰~1.36‰,11 月增加 0.78‰~0.85‰,这两个月平均含盐度增加幅度较大。

应该指出,在本项计算中,特枯年的流量,考虑三峡工程时,只加上 1 535 m³/s,(枯水年 3 个月中增加量是最小的),实际上,特枯年枯季 3 个月增加的下泄量均大于 1 535 m³/s,本章的计算是偏于安全的。

综上所述,考虑南水北调、三峡工程和大通站下游沿江引水的综合影响,即使今后再遭遇 1978—1979 年型的特枯年,除 10 月和 11 月外,机场码头站含盐度和月出现淡水概率等因素均不会有大的变化。

综合影响下机场码头站月出现淡水百分比变化列于表 10-15。综合影响下,特枯年枯季月出现淡水百分比变化很小,特枯年 10 月和 11 月,由于三峡蓄水的原因,月出现淡水概率下降幅度较大,分别下降 9.93%~10.32%和 6.10%~6.52%。综合影响下,特枯年枯季流量变化很小,连续不可取水的天数与 1978—1979 年相同。

表 10-14　综合影响下机场码头站月平均含盐度的变化　　　　　　‰

典型年	项目	10 月	11 月	12 月	1 月	2 月	3 月	4 月	5 月
特枯年 1978—1979 年	工程前	3.10	3.29	3.49	4.78	4.95	4.55	3.45	2.11
	工程后	4.39	4.07	3.78	4.80	4.97	4.57	3.56	2.29
	增加(+)	+1.29	+0.78	+0.29	+0.02	+0.02	+0.02	−0.11	+0.18
现状条件下出现特枯年	工程前	3.10	3.29	3.49	4.78	4.95	4.55	3.45	2.11
	工程后	4.43	4.11	3.82	8.84	5.01	4.62	3.60	2.31
	增加(+)	+1.33	+0.82	+0.33	+0.06	+0.06	+0.07	+0.15	+0.20
未来 20 年出现特枯年	工程前	3.10	3.29	3.49	4.78	4.95	4.55	3.45	2.11
	工程后	4.46	4.14	3.85	4.88	5.05	4.65	3.62	2.33
	增加(+)	+1.36	+0.85	+0.36	+0.10	+0.10	+0.10	+0.17	+0.22

表 10-15　综合影响下机场码头站月出现淡水百分比变化　　　　　　%

典型年	项目	10 月	11 月	12 月	1 月	2 月	3 月	4 月	5 月
特枯年 1978—1979 年	工程前	18.28	16.41	14.61	0	0	7.74	14.60	31.35
	工程后	8.35	10.31	12.31	0	0	7.34	14.04	28.46
	减少(−)	−9.93	−6.10	−2.30	0	0	−0.40	−0.56	−2.89
现状条件下出现特枯年	工程前	18.28	16.41	14.61	0	0	7.74	14.60	31.35
	工程后	8.11	10.06	12.04	0	0	7.11	13.76	28.12
	减少(−)	−10.17	−6.35	−2.57	0	0	−0.63	−0.84	−3.23
未来 20 年出现特枯年	工程前	18.28	16.41	14.61	0	0	7.74	14.64	31.35
	工程后	7.96	9.89	11.86	0	0	6.96	13.58	27.89
	减少(−)	−10.32	−6.52	−2.75	0	0	−0.78	−1.06	−3.46

第 4 节　实施南汇咀控制和没冒沙水库工程对淡水保证率的影响

南汇咀控制和没冒沙水库工程有两个方案,方案 1 为离岸式方案(见图 10-13),本方案在南汇咀控制工程和没冒沙水库与浦东和南汇一线海塘之间保留一条通道,即"边滩新河"。

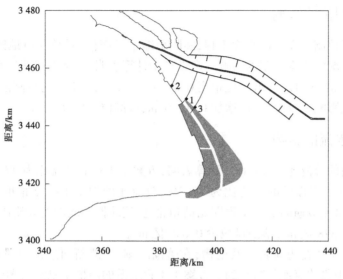

图 10-13　方案 1 示意

堤线布置为:没冒沙水库外侧堤线基本沿 $-2 \sim -3$ m 线布置,水库面积约为 50 km^2,堤长约 40 km;在水库下游建南汇咀控制工程,外堤线基本沿 $-2 \sim -3$ m 线布置,面积约为 17 万亩,新建堤长约 40 km。

方案 2 为连岸式方案(见图 10-14),边滩水库外侧线基本沿 -2 m 线布置,水库面积约 50 km^2,堤长约 31 km;在水库下游建南汇咀控制工程,南汇咀控制工程以大沿河为界,分为两块,面积总计为 17.5 万亩,新建堤长约 40 km。

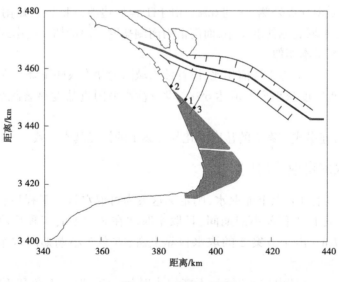

图 10-14　方案 2 示意

4.1　工程对潮位的影响

实施南汇咀控制和没冒沙水库工程,实际上缩窄了南槽,对长江口地区高低潮位、潮流和盐水入侵状况将产生一定的影响。数学模型计算表明,实施上述两工程后,长江口沿程高潮位降低 0.02~0.12 m,低潮位抬高 0.01~0.06 m,工程下游的芦潮港的影响与长江口沿程潮位变化影响相反,高潮位增加 0~0.01 m,低潮位降低 0.02 m。

4.2　工程对水流的影响

北槽工程前的分流比为 46.1%,计算表明,方案 1 工程后分流比为 47.9%,分流比增加 1.9%;而方案 2 工程后的分流比为 47.2%,分流比增加 1.1%,南槽的分流比相应减小,方案实施后水流被逼向北部水道即北槽和北港,使北槽和北港的分流比略有增加。南槽涨潮量减小 0.378 亿 m³,落潮量减少 0.658 亿 m³。

流速的影响主要在边滩新河及南槽,在落潮时刻,边滩新河进出口段的流速是增大的,而边滩新河中段的流速是减小的。方案 1 工程上游的南槽主泓涨落潮流速极值减小,涨潮流最大减小 0.23 m/s,落潮流最大减小 0.08 m/s,工程段的南槽主泓中,涨落潮流速极值增大,涨潮流速最大增加 0.13 m/s,落潮流速最大增加 0.15 m/s。方案 2 在工程上游的南槽主泓中,涨潮流速最小减小 0.12 m/s,落潮流速最大减小 0.02 m/s,在工程段的南槽主泓中,涨潮流速最大增加 0.13 m/s,落潮流速最大增加 0.15 m/s。

4.3　工程对含盐度的影响

大潮涨憩时,方案 1 与工程前表层盐度相比,没冒沙水域附近盐度显著减小,最大减小值在九段沙上游南导堤外侧,达到 6‰。由于工程后边滩围垦导致贴南岸下泄的淡水北移,因此没冒沙水域北侧盐度减小,而南汇咀南侧盐度反而增加。连岸式方案 2 的盐度变化与方案 1 情况基本相似。

小潮落憩时,方案 1 与工程前相比,没冒沙水域附近盐度大幅下降。在南槽纵向断面上没冒沙水域附近盐度减小最大值达 6‰。没冒沙水域附近盐度显著减少,对水库取水十分有利。

小潮落憩时,连岸式方案 2 的盐度变化与方案 1 的情况基本一致。

4.4　没冒沙水库可取水时间

若一天中连续有 4 h 以上能取水,则定义这天为可取水日。工程后,各方案取水时间均增加。如方案 1、工程前小潮期间,日取水时间在 8~12 h,工程后小潮时,最大日取水时间可达 17 h。由于方案 2 的取水口靠上游,方案 2 小潮期间取水时间较长,达 20~24 h。

工程方案后,一个月内取水时间、不能取水时间、连续取水天数和不能取水天数见表 10-16。方案 2 最有利于取水,因其取水口较方案 1 更靠上游。

表 10-16　工程方案的可取水和不可取水时间、天数

项目	方案	
	方案 1	方案 2
可取水时间/h	184	382
不可取水时间/h	560	362
最长连续可取水天数/d	9	13
最长连续不可取水天数/d	9	6

　　工程前,小潮时均可取到淡水,通量可达 4 000 万 m^3;中潮时淡水通量大幅减少,大潮时取不到水。工程实施后,小潮时,各方案取水口断面淡水通量均增加,方案 1 最大淡水通量可达 4 300 万 m^3,方案 2 最大淡水通量可达 7 100 万 m^3。

　　综上所述,实施南汇咀控制和没冒沙水库工程后,对没冒沙水库淡水保证率是有利的。

第 5 节　海平面上升对没冒沙水库抽取淡水的影响

　　人类活动中大量矿物燃料(煤、石油和天然气)和有机生物体的燃烧以及破坏森林和改变土地利用方式等,近百年来,大气中 CO_2、CH_4、N_2O、CFC_3 等微量气体含量急剧增加,气体温室效应增强,气温升高,从而引起海表层(0~100 m)海水受热膨胀、大陆高山冰川融化退缩及极地冰盖的加积与消蚀比例的变化,导致全球性的海平面上升。在过去百年间,气候变暖已引起全球海平面上升 0.10~0.15 m,大量证据表明,随着气候的进一步变暖,未来全球海平面仍将持续上升。预测过程存在许多不确定性,不同研究者预测数值差异很大,例如,预测 2050 年海平面上升,低的为 0.2~0.4 m,高的为 0.55~1.38 m。本章假定 21 世纪中叶(2050 年)前后,海平面分别上升 0.3 m、0.5 m 和 0.7 m 三个幅度,计算海平面上升对长江口盐水入侵的影响。

　　在外海平均海平面分别上升 0.3 m、0.5 m 和 0.7 m 的情况下,采用 2004 年 1 月 8—17 日的潮位过程作为边界条件控制,进行潮流、盐度数学模型计算。连续 10 d(240 h)的计算结果表明,浦东机场码头上游可取水时间分别为 84 h、75 h 和 68 h。海平面不上升情况下的可取水时间为 91 h。海平面上升 0.3 m、0.5 m 和 0.7 m,没冒沙水库抽取淡水的时间分别减少 7.7%、16% 和 25.3%。海平面上升对没冒沙水库淡水保证率的影响是存在的,不过,海平面上升是一个缓慢的过程,如果从现在普遍认为的 21 世纪中叶前后海平面上升 0.3 m 可能性较大的角度出发,抽取淡水时间减少 7.7%,这一影响可以为实施南汇咀控制和没冒沙水库工程带来的增加抽取淡水时间的影响所抵消。

第 6 节　机场码头抽取淡水的概率

　　表 10-17 为各级流量分别用 $R_{17月最小}$ 和 $R_{32月最小}$ 计算的出现淡水的百分比,表中显示,

$R_{32月最小}$ 比 $R_{17月最小}$ 计算的每月出现淡水的百分比有较大幅度的减小。

表 10-17　各级流量下用两个公式计算的月出现淡水百分比

大通站流量/ （m³/s）	出现的淡水百分比/%	
	$R_{17月最小}$	$R_{32月最小}$
10 000	9.02	5.78
20 000	23.86	15.76
30 000	42.14	23.85
40 000	63.10	43.01
50 000	86.30	59.40

"没冒沙水库淡水保证率研究"一文考虑到机场码头仅有 17 个月资料，且每个月只测 6 h，每天只测 13~14 h，为安全起见，在计算水库抽取淡水概率时，推荐了每月出现淡水百分比的最小值公式。

在掌握充足的资料情况下，从理论上讲，代表 50% 点群的公式，即可计算每月出现的淡水百分比。公式计算的每月出现的淡水百分比小于 70% 点群的实际出现值，应该具有足够的安全系数。本章的推荐用式（10-1）计算没冒沙水库的淡水保证。理由如下：

（1）用该公式计算，图 10-12 中有 6 点的计算值大于实测值，考虑到大通站流量为 51 130 m³/s 这一点的实际出现淡水百分比为 88.5%，而计算值为 89.05%，实测值和计算值十分接近。如忽略这一点，图 10-12 中只有 5 点计算值大于实测值，实测值比计算值大的点群点占 84.4%，大于较为安全的 70%。

（2）图 10-12 中计算值大于实测值的 5 个点分别为 2004 年 7 月、8 月和 2005 年 4 月、6 月、7 月，5 个点中有 4 个点出现在 6—8 月，这几个月受台湾暖流的影响，口外含盐度偏大，特别是 7 月实测含盐度时，刮东南风特别多，更使含盐度偏大，2005 年 6 月、7 月实际测量夜潮含盐度，使含盐度更加偏大，淡水出现百分比更加偏小，特别是 2005 年 7 月大通站月平均流量为 41 410 m³/s，而出现淡水百分比仅为 33.3%，如果以该点为依据的月出现淡水最小值公式计算，水库的库容及泵站的装机容量将显著偏大，结果十分不合理。用舍弃上述 5 点的月出现淡水最小值公式计算的水库库容及泵站装机容量尚有一定安全系数。

（3）在最终计算没冒沙水库库容和装机容量时，采用 1978—1979 年的特枯年型，并且考虑南水北调、三峡工程和沿江引水的影响，而且沿江引水中包括了 400 m³/s 与南水北调重复的引江流量，这本身就是一种安全系数。

（4）2003—2005 年实测和采用式（10-1）计算的淡水百分比（见表 10-18）表明，实际出现淡水百分比基本大于计算百分比，3 年中实测值至少大于计算值 15%，采用式（10-1）计算出现淡水的百分比是安全的。

综上所述，在掌握机场码头站 32 个月的含盐度资料后，各种导致含盐度增加、出现淡水概率减少的不利因素逐渐显现。在此情况下，推荐式（10-1）来计算没冒沙水库库容和泵站装机容量是合理和可靠的。

第 7 节　结　语

(1)没冒沙水库取水口位于长江口南槽盐水入侵上游端附近,受上游径流、潮汐、风速、风向、科氏力、长江口外盐度场、台湾暖流等多种动力因素的影响,变化十分复杂和敏感,其中多个因素可以使该区域盐水入侵产生质的变化,即在某种动力因素影响下,盐水入侵可以从无至有,从有到无。

机场码头站 2003—2005 年实际出现和计算出现的淡水百分比如表 10-18 所示。

表 10-18　机场码头站 2003—2005 年实际出现和计算出现的淡水百分比　　　　%

月份	2003 年		2004 年		2005 年	
	实际出现的百分比	计算的百分比	实际出现的百分比	计算的百分比	实际出现的百分比	计算的百分比
1			35.0	9.79	18.00	11.28
2			11.9	8.59	57.60	14.15
3	71.1	28.20	28.6	12.28	71.80	27.55
4	52.4	26.51	18.8	18.80	15.40	23.32
5	78.6	46.60	57.1	32.89	47.40	30.29
6	64.3	63.30	58.3	49.32	51.30	73.10
7	97.6	82.50	46.3	64.63	33.30	66.24
8	75.0	75.50	47.6	69.61	65.30	61.29
9	77.4	57.66	68.4	58.24	88.50	89.05
10	76.5	56.84	78.2	50.32	89.05	51.90
11	35.5	23.84	35.5	24.40		
12	33.8	12.43	33.8	16.90		
合计百分比	662.20	473.38	519.50	415.77	537.65	448.17
实际出现值与计算值之比	1.399		1.249		1.120	

(2)鉴于没冒沙水库取水口附近盐水入侵的复杂性,数学模型模拟全部动力参数,很难提供完整的计算条件。实测资料反映了各种动力因素的影响结果。统计分析方法是确定水库抽取淡水概率的最有效方法之一。

（3）现有的资料分析表明，由于机场码头站含盐度变化的复杂性，用每天的含盐度和出现概率做相关分析十分困难，采用大通站月平均流量和机场码头月平均含盐度、每月出现淡水的概率的相关关系，并由此推算水库库容等重要参数，是较为合理和可靠的方法。由于采用月平均值，潮差、风速、风向的影响相对减小，表达式中不再出现径流以外的其他动力因素。

（4）用机场码头站 17 个月含盐度资料确定的每月出现淡水的概率与大通站月平均流量关系的式（10-1），与采用 32 个月资料的式（10-2）相比，后者计算结果显著减小。考虑到 32 个月资料中，只有 5 个点实测的每月出现淡水的概率小于式（10-1）的计算值，实测值比计算值大的点群占 84.4%。分析 2003—2005 年实测和式（10-1）计算的淡水百分比，每年的实测值至少大于计算值 15%，因此推荐式（10-1）计算没冒沙水库库容和泵站装机容量是合理可靠的。

参考资料

［1］上海实业（集团）有限公司，南汇咀控制工程和没冒沙水库规划研究总报告［R］. 2004.
［2］韩乃斌，赵晓冬. 没冒沙生态水库水域盐度变化规律分析［R］. 南京：南京水利科学研究院，2004.
［3］薛鸿超，王义刚，宋志尧. 南汇咀控制工程和没冒沙生态水库初步研究［R］. 南京：河海大学海岸及海洋工程研究所.
［4］王超俊，张鸣冬. 三峡水库调度运行对长江口咸潮入侵的影响分析［J］. 人民长江，1994（4）.
［5］华东师范大学河口海岸国家重点实验室，南京水利科学研究院，上海市水务规划设计研究院. 利用长江口杭州湾盐度场数学模型分析没冒沙水库规划方案实施后没冒沙水库枯日可供水量［R］. 2004.
［6］杨桂山，朱启文. 全球海平面上升对长江口盐水入侵的影响研究［J］. 中国科学（B 辑），1993（23）.
［7］韩乃斌，李褆来. 没冒沙水库淡水保证率研究［R］. 南京：南京水利科学研究院，2005.